Floral Embroidery

布製好時光的四季花園

法式刺繡花草集

60款浪漫花草 × 30種從基礎到進階技法，完整影音教學，生活應用超百搭

大風文創 | 布製好時光 林宜蓁◎著 |

Chapter1

百搭刺繡應用

Chapter2

我的四季優雅花園

[春天]

[夏天]

Chapter3
刺繡前須知

Index
34
35
35
36
36
37
37
38
38
39
39
40
40
41
41
42
43
43
44
44
45
45
46
46
47
47
Lavender
48
48
49
49

50
50
51
51
52
52
53
53
54
54
55
55
56
56
57
57
58
58
59
59
60
60
61
61
62
62
63
63
64
64
65
65

開始刺繡的契機——一切源於拼布

2009 年，離開職場回歸家庭後，偶然的機會，因朋友的邀約，開始走進繽紛的拼布世界，除了取得日本手藝普及協會機縫拼布講師、指導員證書外，也鍾情於拼布壁飾的創作，在思考異材質運用的過程中，於一針一線之間，發現了刺繡之美！對於刺繡所散發出來的手感溫度深深著迷，愛不釋手！

設計靈感來自生活中的片刻

一朵盛開的花、一片落葉、翩翩飛舞的彩蝶、紅葉森林中佇足歌唱的鳥兒……都是值得細細品味珍藏的時刻！

但要如何克服創作過程中的挫折瓶頸呢？閱讀書籍、不斷的反覆練習，也藉由學畫，培養對於構圖、色彩、光影明暗的架構能力；而攝影則是蒐集旅途中花草樣貌的好幫手，將這些相機鏡頭下感動的瞬間，運用所學技法，用刺繡一一記錄呈現。

刺繡可以是風、是雲、是燦爛綻放的花兒、是任人翱翔的天際……透過每雙充滿溫度的手，都能做出屬於自己風格、獨一無二的作品，這就是刺繡最迷人的地方。

最喜歡的日本刺繡大師

和大多數人一樣，最初受到青木和子老師的啟蒙，喜歡她清新的花草庭園刺繡風格。後來對於樋口愉美子老師的色彩、刺繡樣貌更是喜愛……透過學習，漸漸跳脫制式傳統的圖案，運用不同線材，

走出一派溫柔優雅的獨特配色風格。

刺繡的堅持——技法正確正反面都好看

刺繡時要注意環境的光源，因為刺繡是個眼力活，更要用心保護眼睛、適時休息。刺繡時技法正確是首要，除了正面圖案要保持整潔美觀外，背面針腳也會力求整齊，讓正面、背面都好看已是一種習慣。

刺繡工具及材料

因為投身刺繡工作，所以在工具材料上會比較考量到品質及實用性。例如：刺繡框會選擇質感好且輕量的框，減少手的負擔。而刺繡針則會建議初學者可從綜合針組入門，實際體驗不同大小的刺繡針，搭配不同股數繡線的使用，所呈現出來的效果也會有所差異。注重小細節也是決定成品美感的重要關鍵。

關於刺繡的未來規畫

這一路走來，不知不覺中刺繡已成為日常，在每個出針與入針之間，深刻感受到，有時我們學習的不僅僅是刺繡本身的技法……而是過程中的優雅氣度。

關於刺繡……每一天都是一個新的開始！期許尚有不足的自己日日充實，享受終生學習的樂趣；也期許今天的自己比昨天更好，保持優雅的生活態度，持續做出能打動人心、充滿溫度的作品！

Chapter

1

百搭刺繡應用

橢圓、正圓繡框

繡完不需拆繡框，即是現成的優雅裝飾。

用刺繡記錄旅途中遇見的好風景，花莖使用輪廓繡表現出彷彿在風中搖曳的靈動感。黃橘色調的漸層之美，讓花朵展現了綻放之美。

初階及進階繡法混搭出的花籃編織繡，更襯托出星形花朵的奔放動人效果。

邊繡邊構思如何運用也是一種樂趣，
裝入相框中，變成可立或可掛的裝飾，
小小一幅也饒有意境，充滿手作的溫度。

創意小相框

即便是單一主題的圖案，放入相框中就自然擁有留白的藝術感。

藝術刺繡畫框

色彩繽紛、線條流動的花草刺繡，就像畫作般令人移不開目光。

用不同的花朵、草葉組合排列，
一針一線就能繡出點亮空間的作品。

杯子蛋糕針插

小小的圖案就是現成的分類記號，不易脫落或消失，
可愛又耐用。

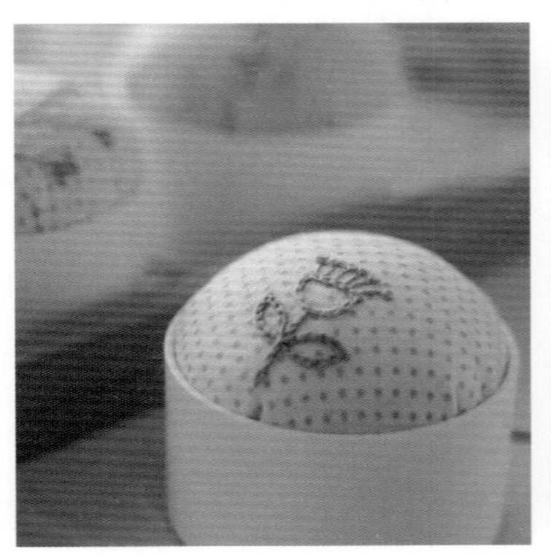

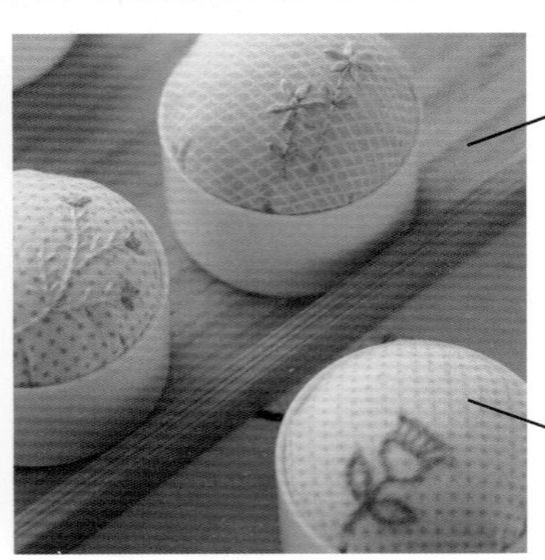

不需複雜的技巧，只用基礎技法繡線條或點狀，就能在布料上創造可愛的塗鴉效果。

心意升級

禮物玻璃罐

用刺繡表達心意時，結合可愛的容器就能成為討人喜愛的專屬禮品。

夏の運用
萬用口金包
挑一種喜歡的植物，來做收納零錢的口金包吧！

用最簡單的直針繡、輪廓繡及結粒繡，
繡出一束滿滿心意的捧花。

紫萁捲捲的莖是蕨類的特徵，
以釘線繡細膩模擬，展現婆娑
起舞的姿態。

收納更愉快

刺繡束口袋

實用的束口袋，繡上自己喜歡的圖案，收納物品也收納手作溫度。

專屬的英文字母配上喜愛的花草
圖案，是無可取代的最愛。

拉鍊收納包

女兒的手繪圖稿，運用簡單技法完成刺繡，搭配協調的配色布，獨一無二的收納包就是讓人愛不釋手。

建築物與小樹共處的可愛街景，
強調輪廓的弧度變化，用點、線、
面的繡法就能完成。

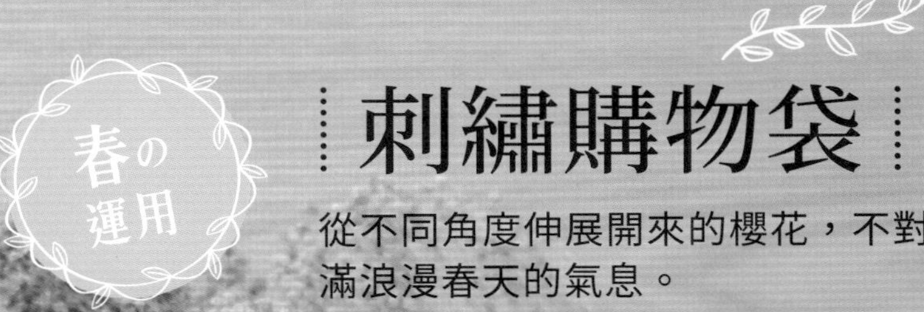

刺繡購物袋

從不同角度伸展開來的櫻花，不對稱的圖案設計充滿浪漫春天的氣息。

模擬落櫻繽紛的瞬間，
手繡蝴蝶穿梭在花間，
每看一眼都令人讚嘆。

迷你包釦別針

圓形的包釦底座，用英文字母與小花共譜
悠閒的午後時光。

單一圖案的英文字母結合小花，
繡起來輕鬆無壓力，低調點綴出
講究細節的個人魅力。

立體羊毛胸針

把花朵圖案用羊毛線及繡線混搭刺繡，完成後沿著
輪廓剪下，就變成超立體的造型胸針。

薰衣草刺繡襯衫

素色衣服就像是空白畫布，在胸口、衣領等局部來點小刺繡吧！小小圖案，精緻感瞬間提升。

刺繡隨身鏡

立體鑲嵌效果

刺繡能藉由繃布方式套用在不同表面，
簡單改造各種隨身小物件。

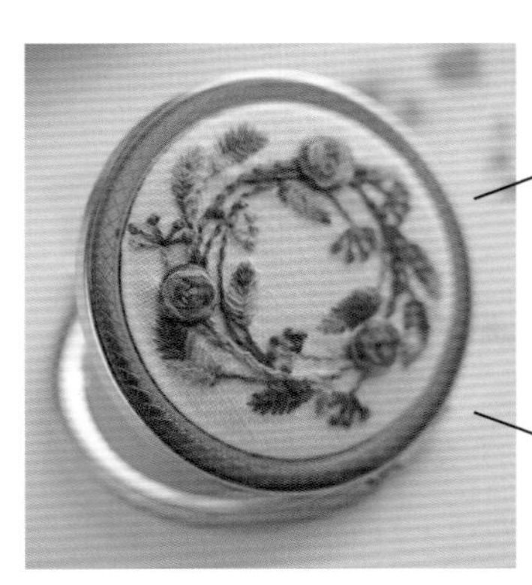

花圈狀圖案與圓形物品是絕配，
透過刺繡，樸素的鏡子變得立體
又華麗。

紙卡片刺繡

因為硬挺而比布更容易操作的厚卡紙，
也是一種練習刺繡的好素材。

手繡封面筆記本

簡單的手繡圖案就能為樸實的封面帶來生命力，
賦予平面生動的立體感。

Chapter 2

我的四季優雅花園

* 原寸線稿圖案
* 繡法色號明細

【繡圖線稿使用說明】

A OLYMPUS 613
B DMC 598

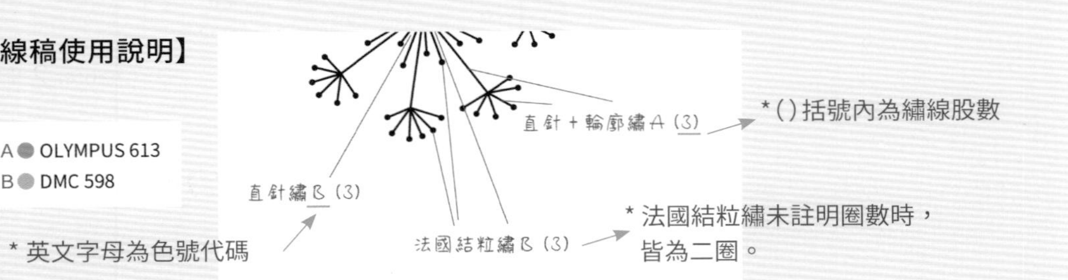

＊英文字母為色號代碼

＊()括號內為繡線股數

＊法國結粒繡未註明圈數時，皆為二圈。

[雛菊]

植物分類 菊科紫菀屬　花語 遠方的思念、一直在乎你

A OLYMPUS 245
B OLYMPUS 275
C OLYMPUS 600
D DMC 53
E DMC 156
F DMC 350
G DMC 727
H DMC 976
I DMC 3852

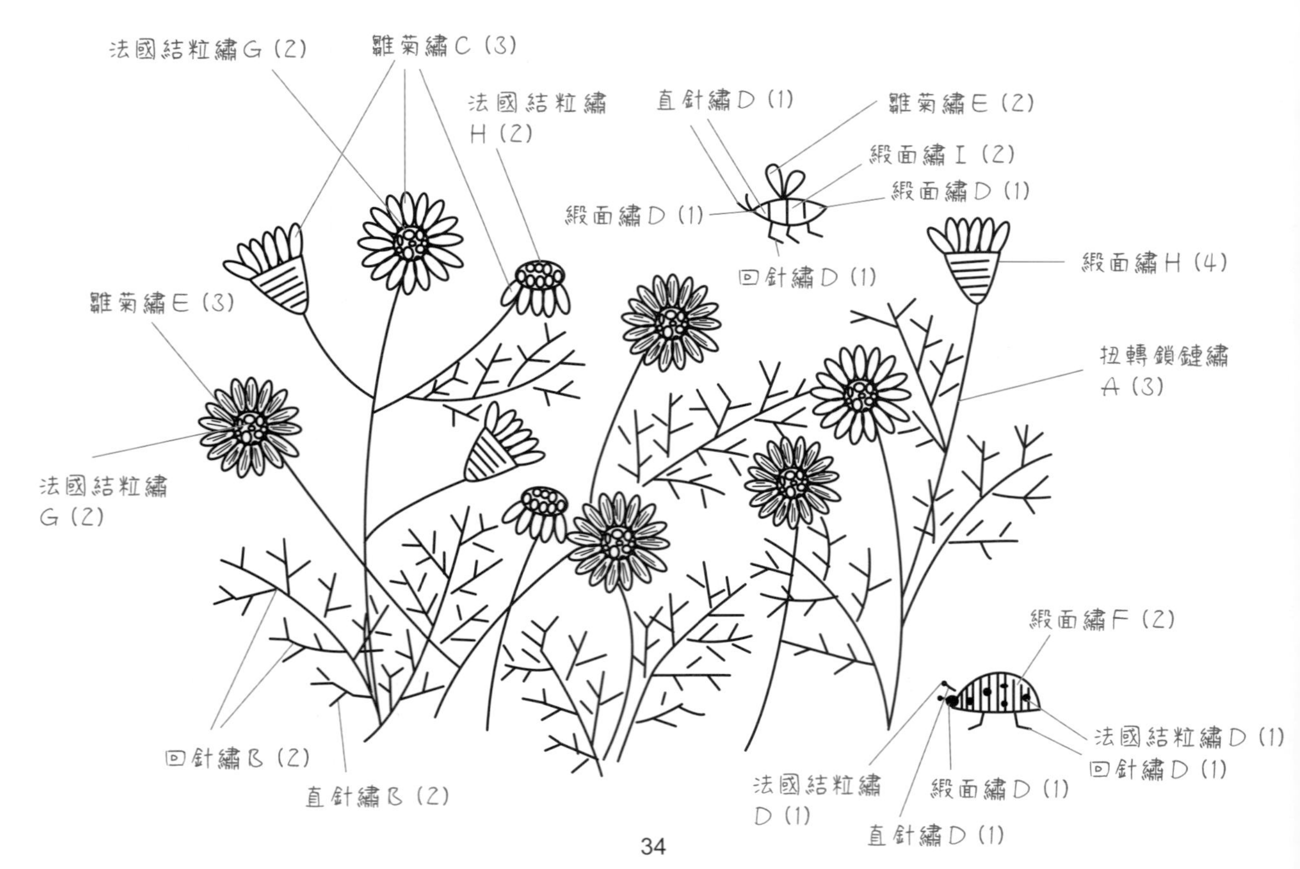

[蒲公英]

植物分類 菊科蒲公英屬 花語 無法停止的愛

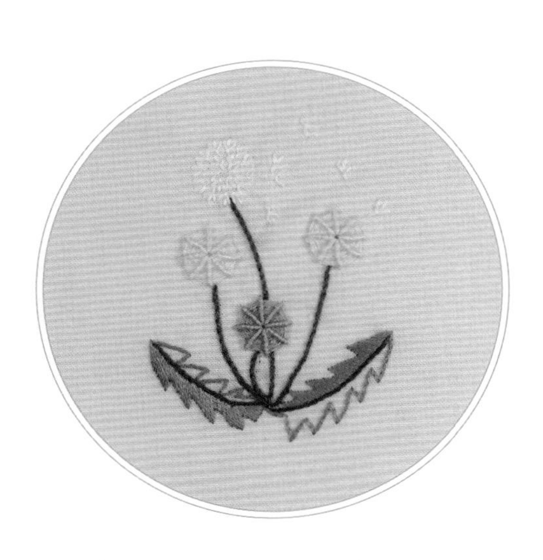

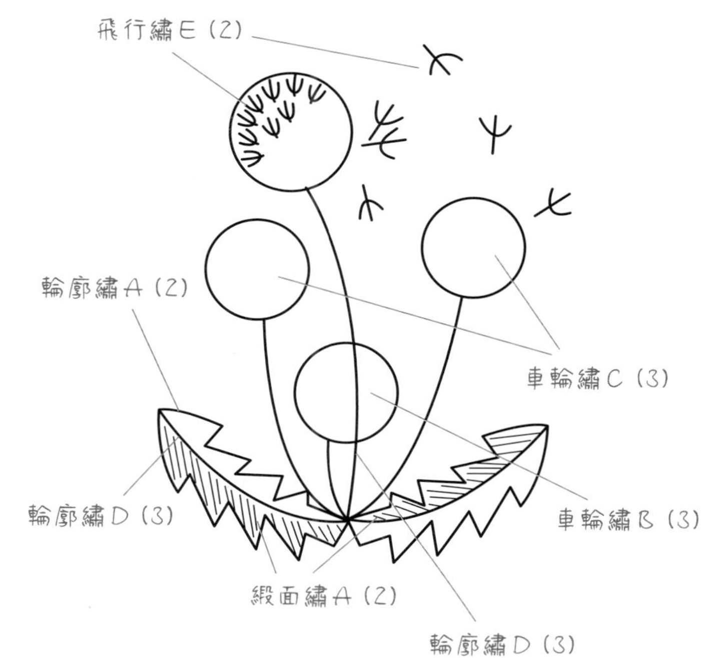

A OLYMPUS 275
B OLYMPUS 562
C DMC 727
D DMC 904
E DMC BLANC

[虞美人]

植物分類 罌粟科罌粟屬 花語 離別、感傷

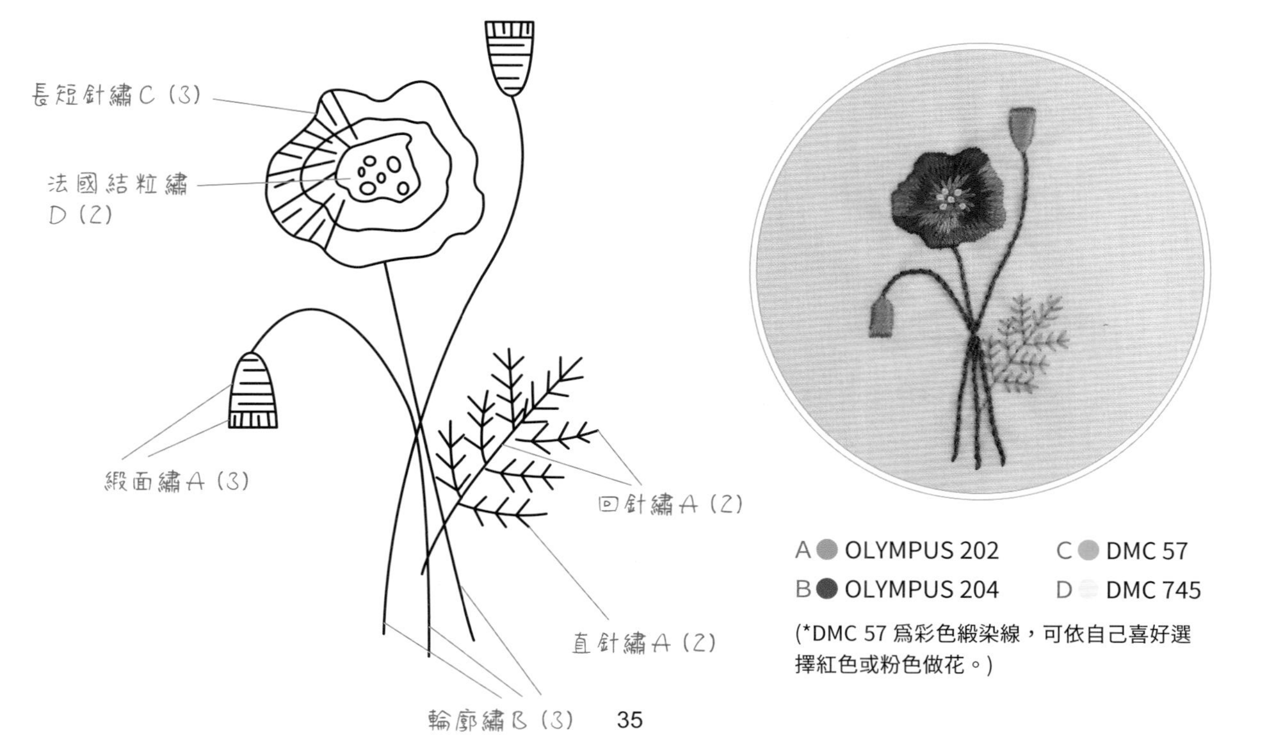

A OLYMPUS 202
B OLYMPUS 204
C DMC 57
D DMC 745

(*DMC 57 爲彩色緞染線，可依自己喜好選擇紅色或粉色做花。)

[玫瑰花]

植物分類 薔薇科薔薇屬 花語 愛情、熱戀

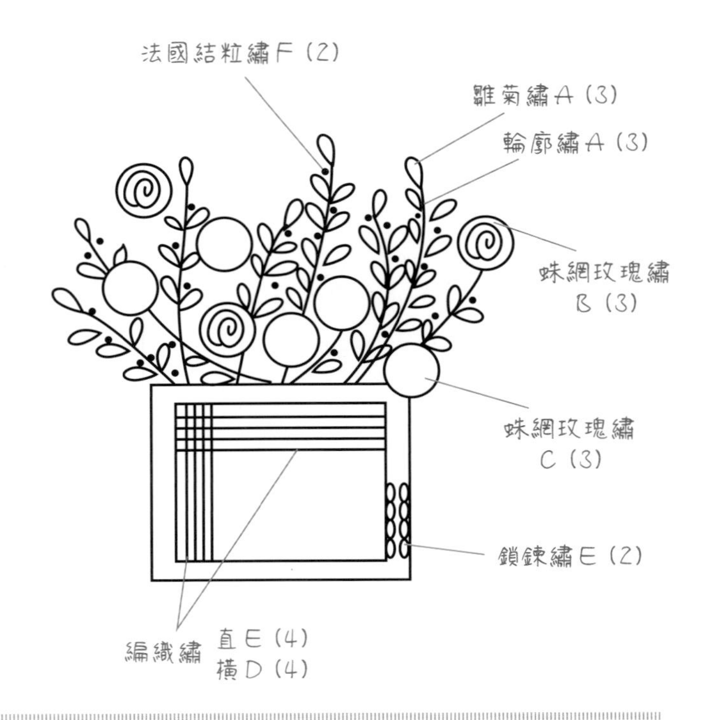

A OLYMPUS 202
B OLYMPUS 1702
C OLYMPUS 1902
D DMC 452
E DMC 3064
F DMC 3849

[櫻花]

植物分類 薔薇科李屬 花語 高尚、純潔

A OLYMPUS 343
B OLYMPUS 540
C DMC 210
D DMC 3687
E DMC 3688
F DMC 3713
G DMC 3716
H DMC 3836

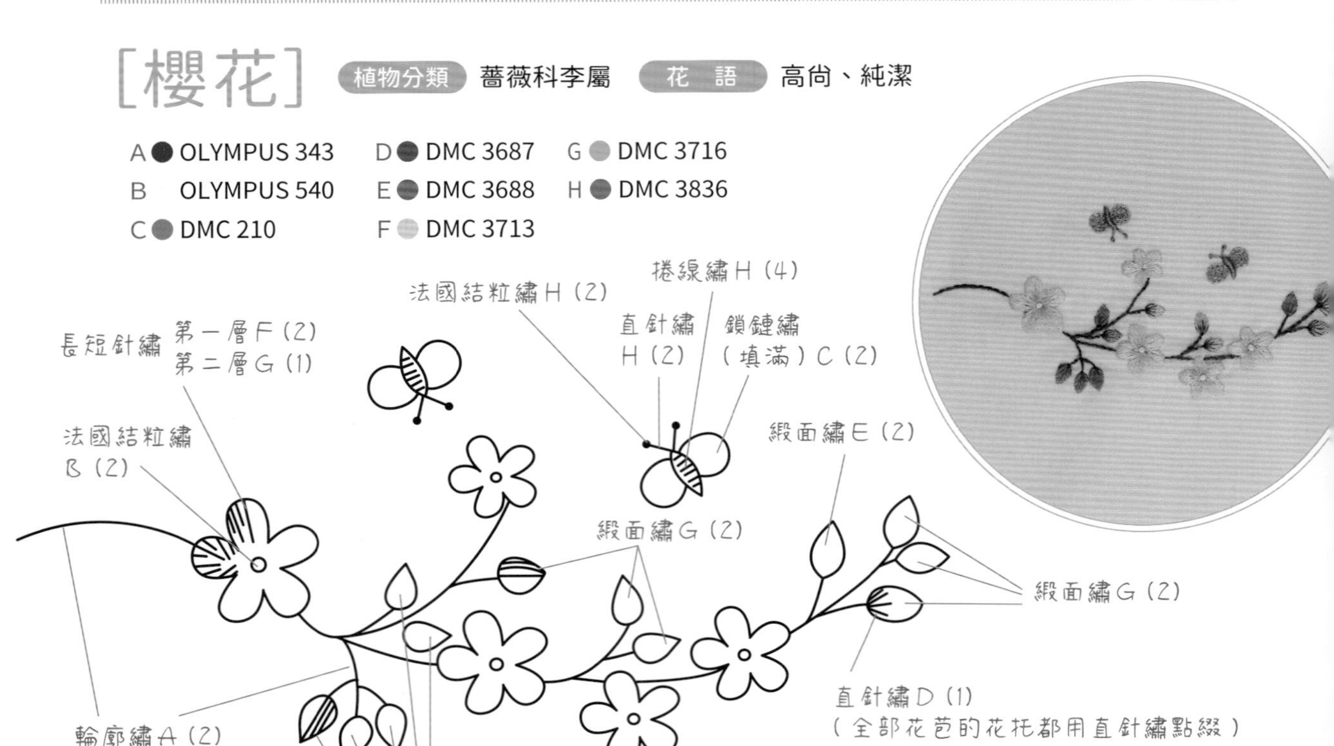

[蕾絲花(雪珠花)]

植物分類 繖形科阿米屬　花　語 惹人憐愛

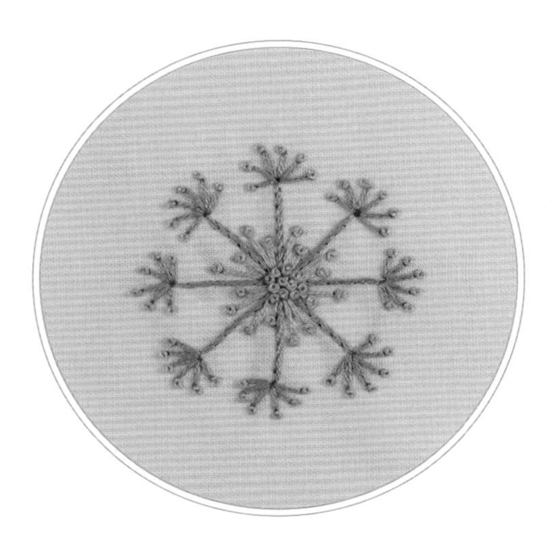

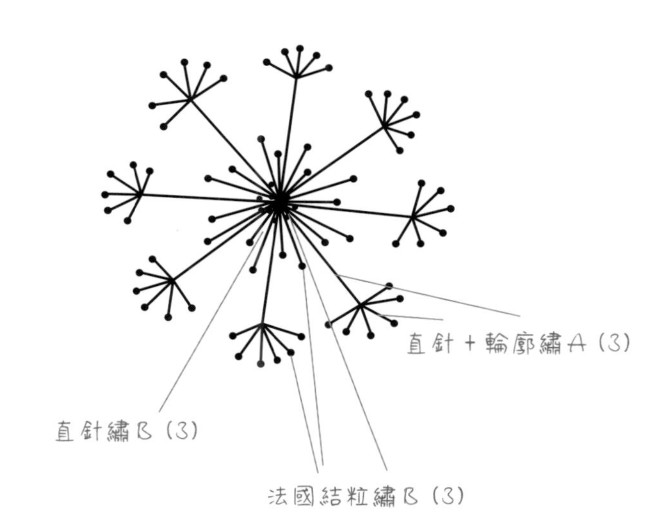

A OLYMPUS 613
B DMC 598

[葡萄風信子]

植物分類 天門冬科葡萄風信子屬　花　語 悲傷、嫉妒

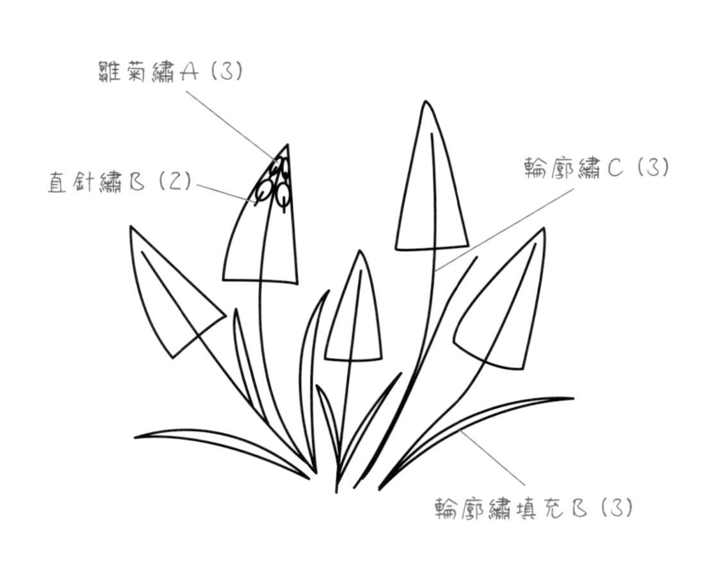

A DMC 798
B DMC 809
C DMC 3849

[鈴蘭]

植物分類 天門冬科鈴蘭屬　**花　語** 幸福到來、純潔、好運

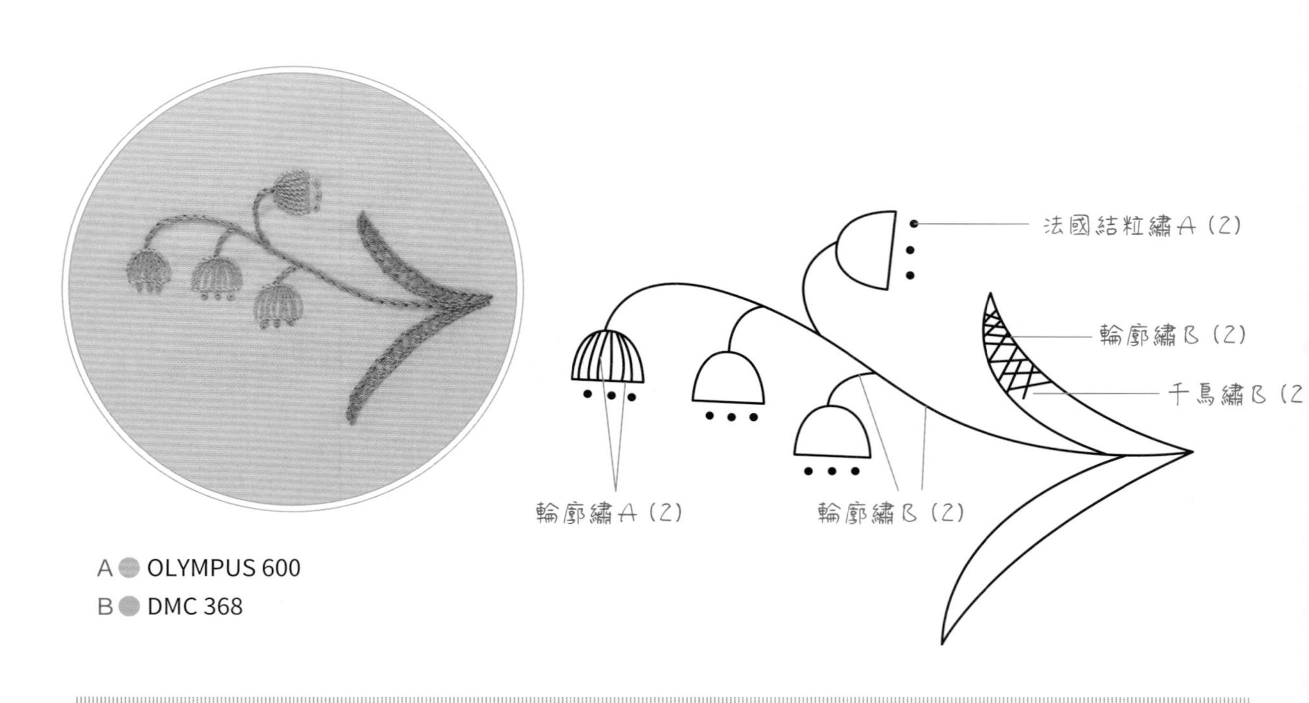

A OLYMPUS 600
B DMC 368

[鼠麴草]

植物分類 菊科鼠麴草屬

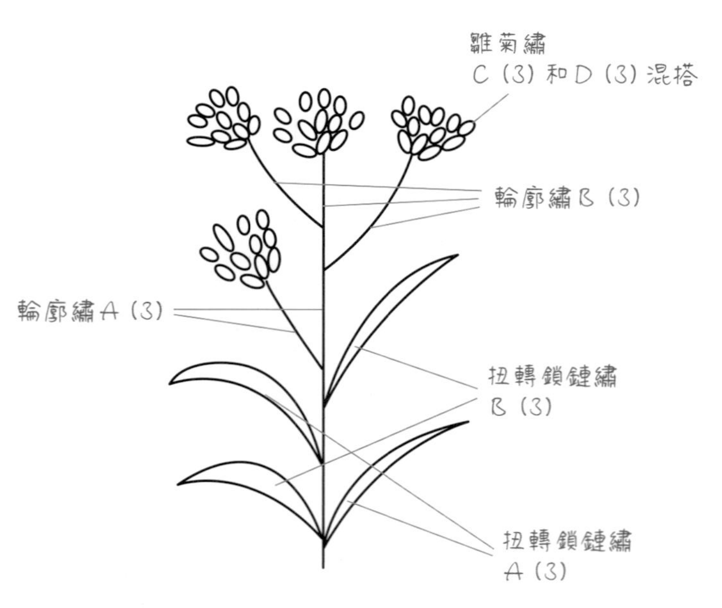

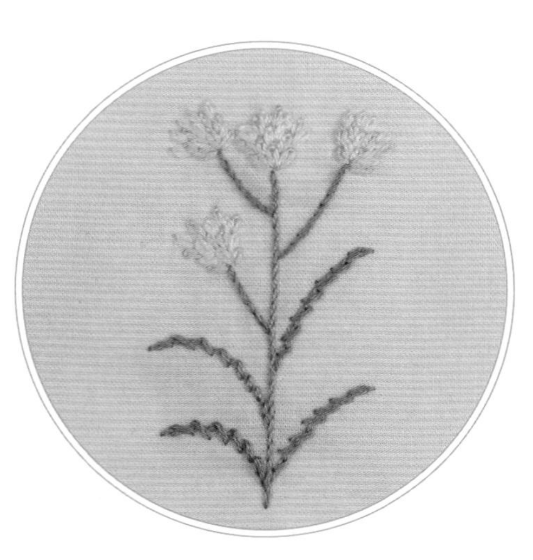

A OLYMPUS 202　C OLYMPUS 290
B OLYMPUS 275　D DMC 727

[白色小雛菊]

植物分類 菊科雛菊屬 花語 暗戀、隱忍的愛

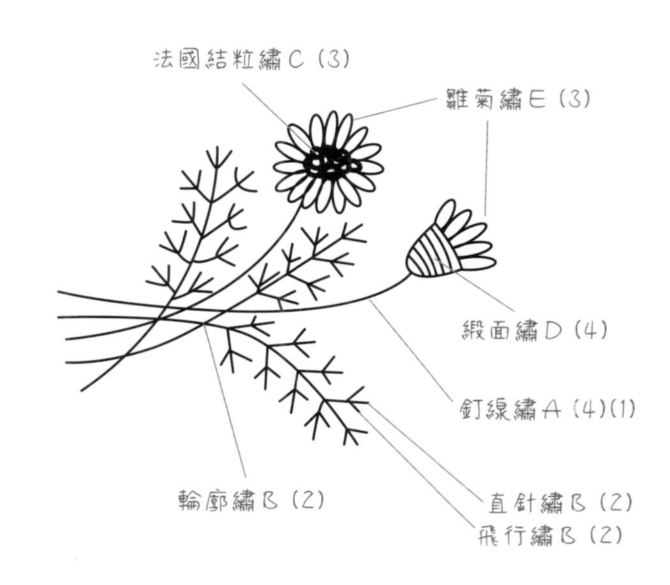

A OLYMPUS 245
B OLYMPUS 275
C DMC 727
D DMC 976
E DMC BLANC

[紫藤]

植物分類 豆科紫藤屬 花語 沉迷的愛、醉人之戀

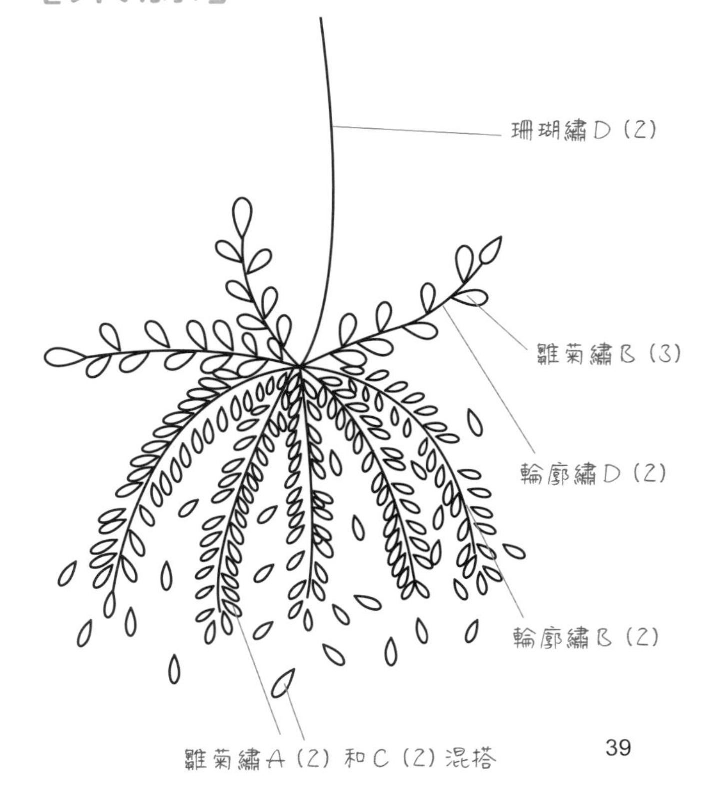

A OLYMPUS 600
B OLYMPUS 275
C DMC 210
D DMC 904

[日本藍星花]

植物分類 蘿藦亞科　花　語 互信的心

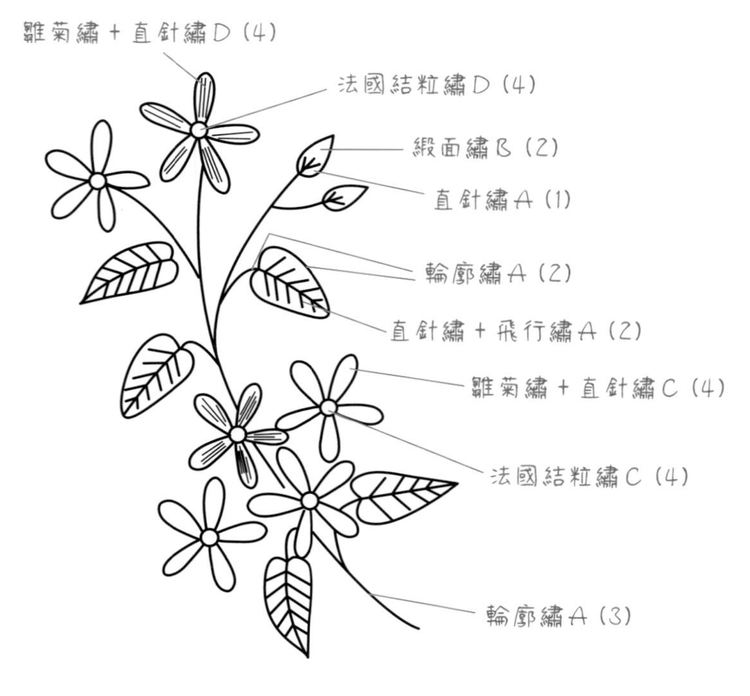

A OLYMPUS 202　C DMC 519
B OLYMPUS 792　D DMC 598

[迎春花(連翹)]

植物分類 木犀科連翹屬　花　語 相愛到永久

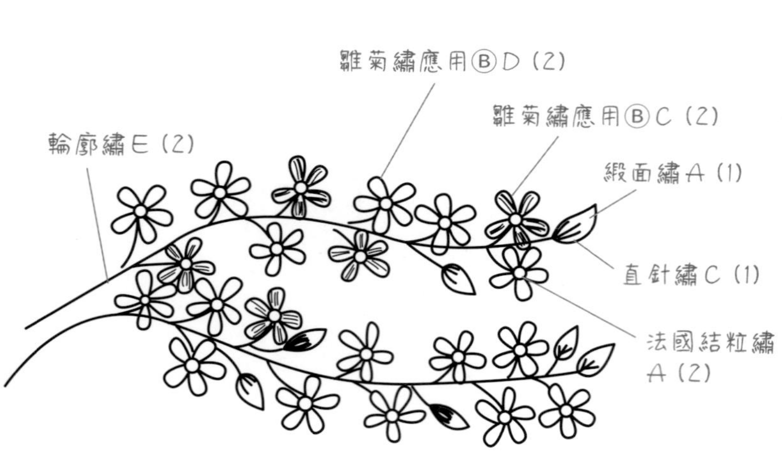

A OLYMPUS 143　D DMC 727
B OLYMPUS 275　E DMC 3364
C OLYMPUS 290

[三色堇]

植物分類 堇菜科堇菜屬　花語 思慕

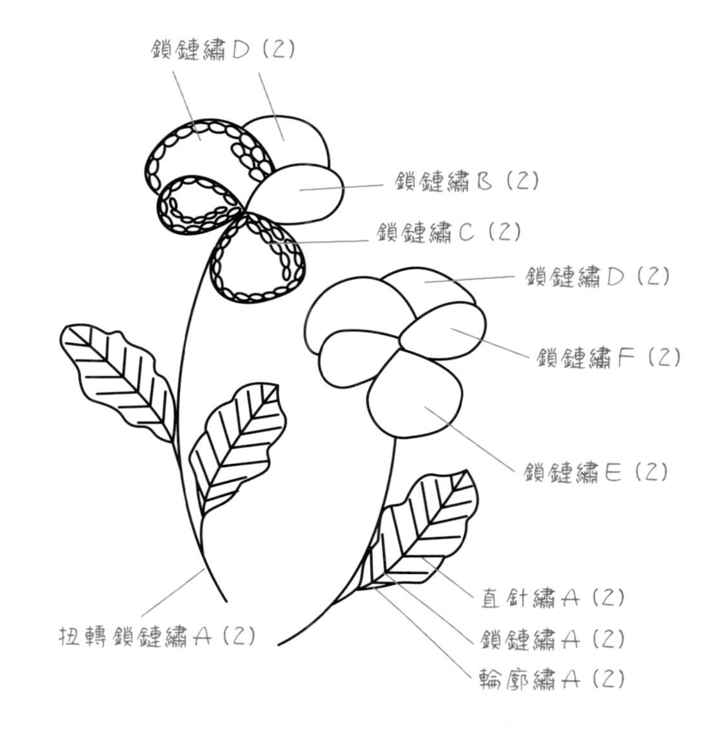

A OLYMPUS 275　D OLYMPUS 615
B OLYMPUS 290　E DMC 210
C OLYMPUS 600　F DMC 3853

[鬱金香]

植物分類 百合科鬱金香屬　花語 高貴的愛

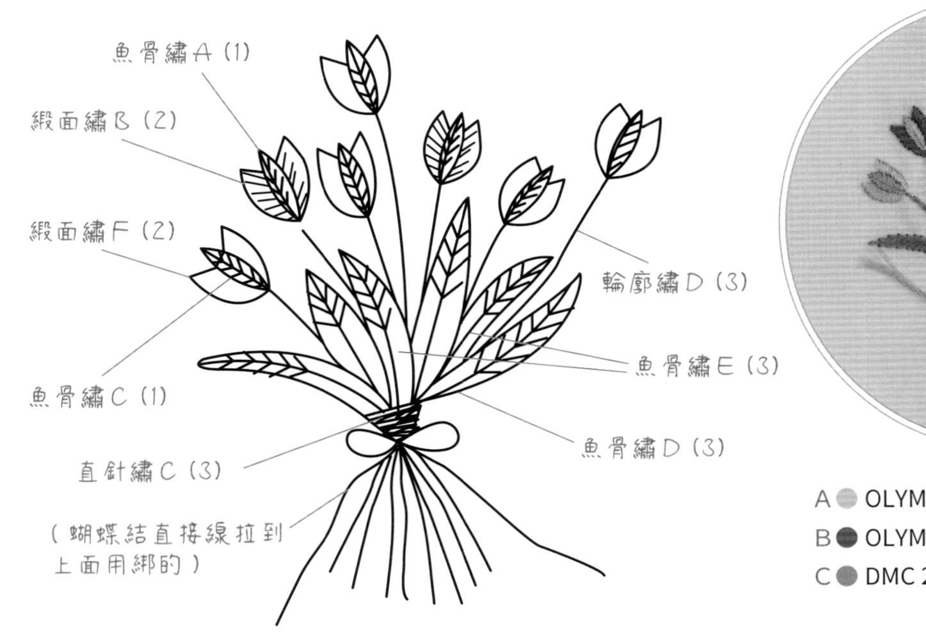

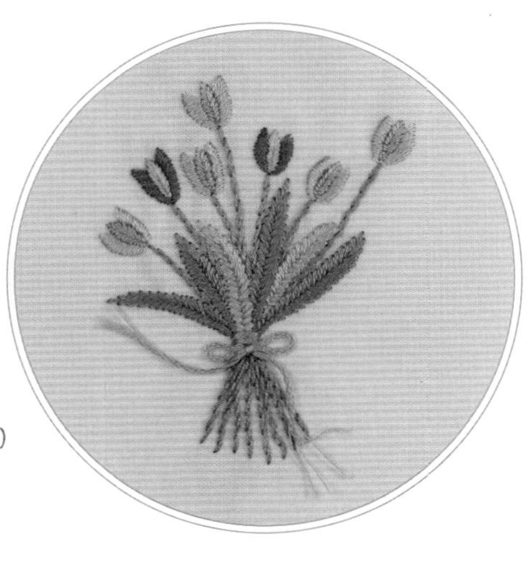

A OLYMPUS 600　D DMC 943
B OLYMPUS 615　E DMC 959
C DMC 210　F DMC 3609

[向日葵]

植物分類 菊科向日葵屬　花　語 愛慕、忠誠

A OLYMPUS 202
B OLYMPUS 255
C OLYMPUS 275
D OLYMPUS 744
E DMC 51
F DMC 505
G DMC 519
H DMC 598
I DMC 3364

(*DMC 51 爲彩色緞染線，可依自己喜好選擇色段或單色線。)

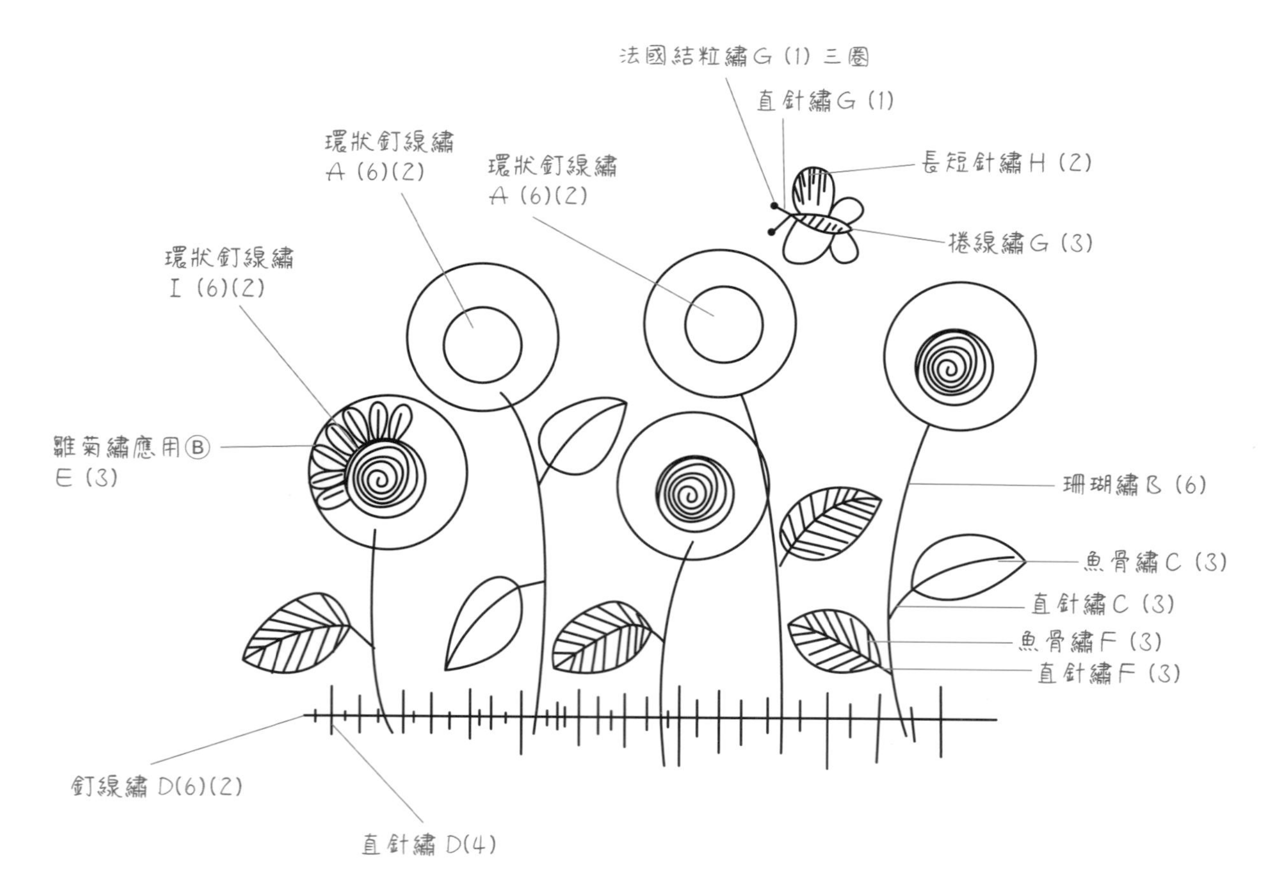

[滿天星]

植物分類 石竹科石頭花屬　花　語 思念、純潔的愛、守望愛情

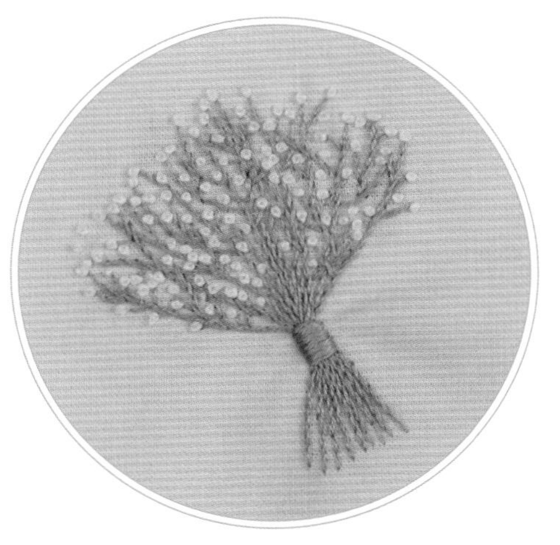

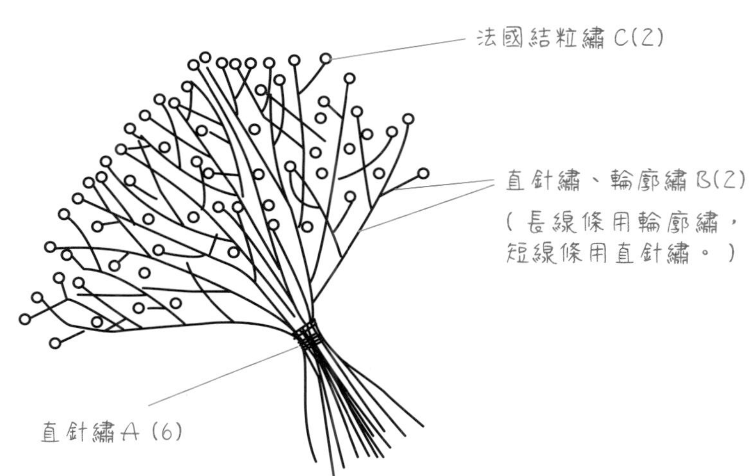

A OLYMPUS 612
B DMC 368
C DMC BLANC

[黃花酢醬草]

植物分類 酢漿草科酢漿草屬　花　語 幸福、辛辣

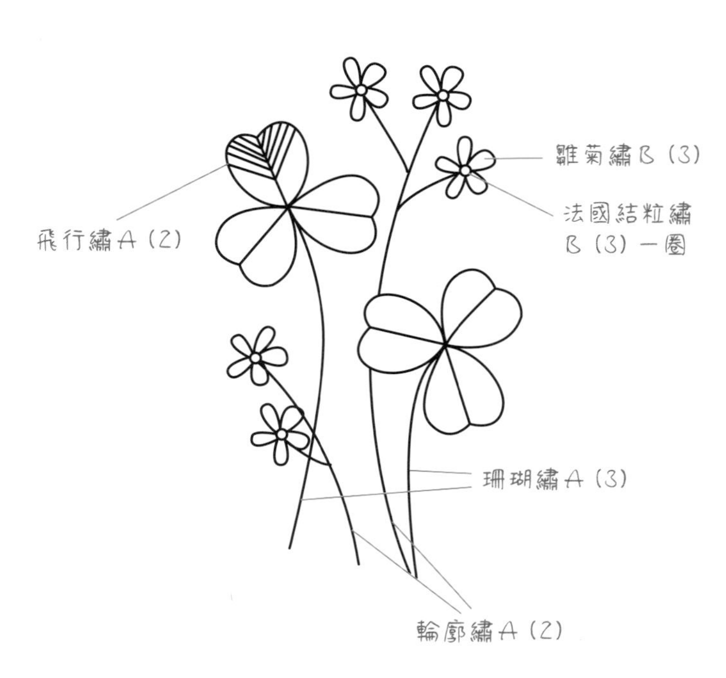

A OLYMPUS 265
B DMC 727

[千日紅]

植物分類 莧科千日紅屬　花　語 永恆的愛、不朽的戀情

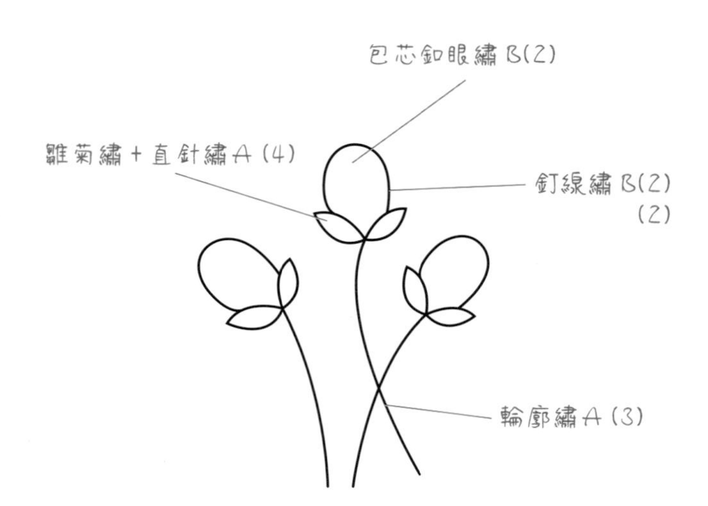

A ● DMC 505
B ● DMC 600

[仙人掌]

植物分類 仙人掌科　花　語 堅強、剛毅、溫暖

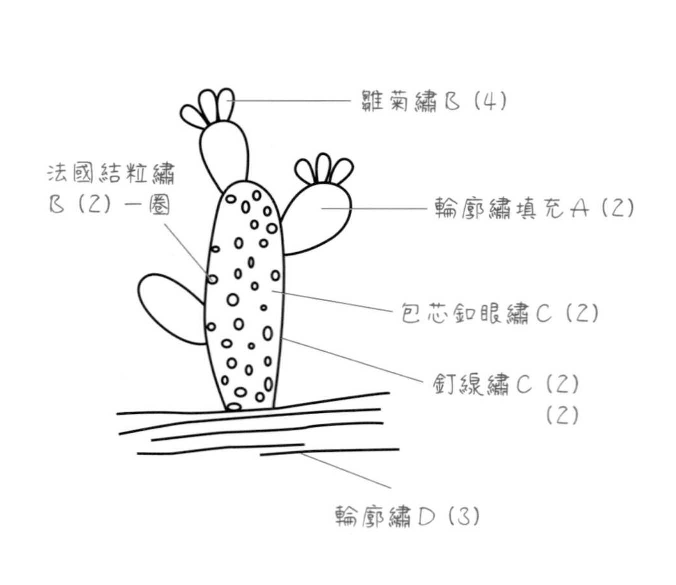

A ● OLYMPUS 275
B ● OLYMPUS 290
C ● DMC 505
D ● DMC 3740

[黃花敗醬]

植物分類 忍冬科敗醬屬 花 語 純潔的愛情、守約

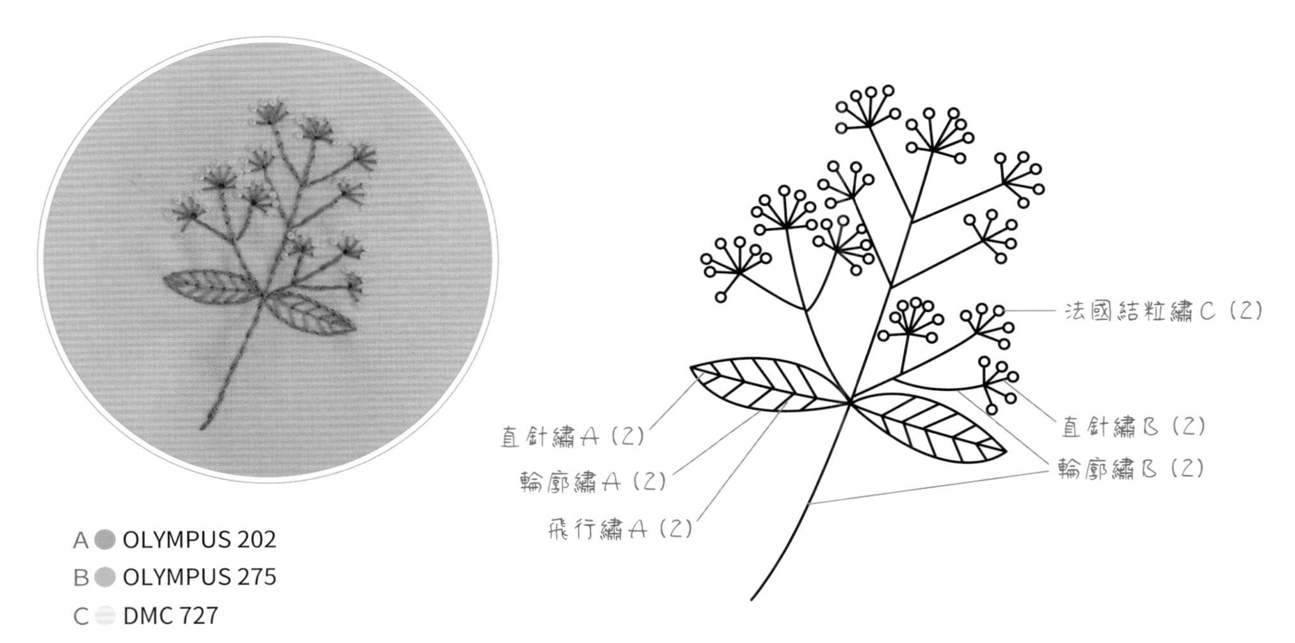

A OLYMPUS 202
B OLYMPUS 275
C DMC 727

[百子蓮]

植物分類 石蒜科百子蓮屬 花 語 愛情降臨

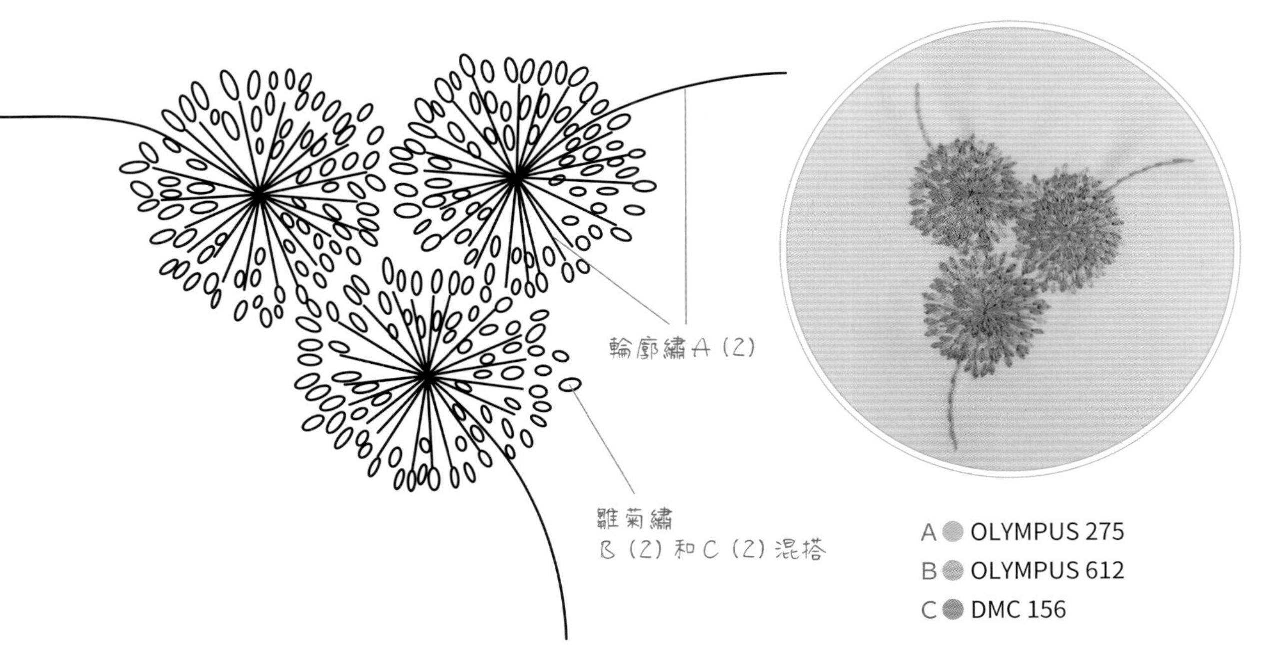

A OLYMPUS 275
B OLYMPUS 612
C DMC 156

[星辰花]

植物分類 藍雪科補血草屬 花語 永不變心

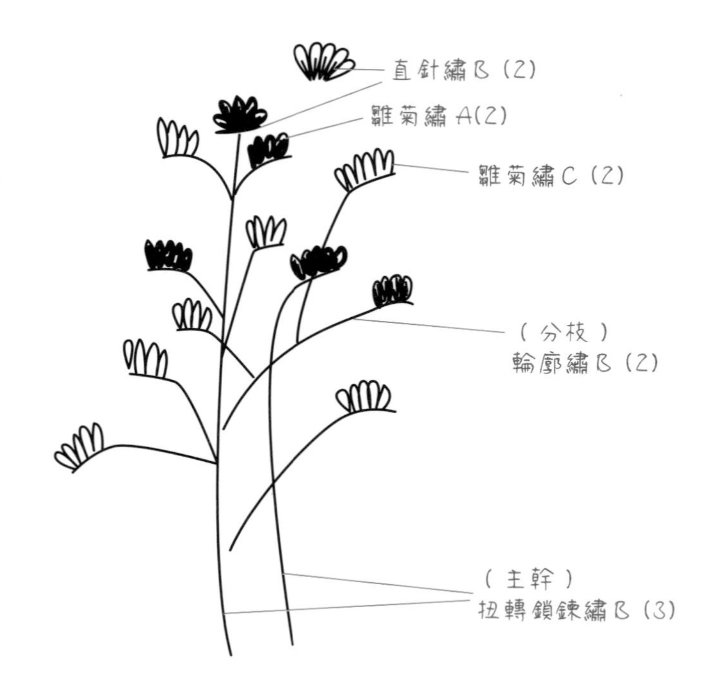

A DMC 210
B DMC 505
C DMC 3837

[金杖花]

植物分類 菊科金杖球屬 花語 永遠的幸福

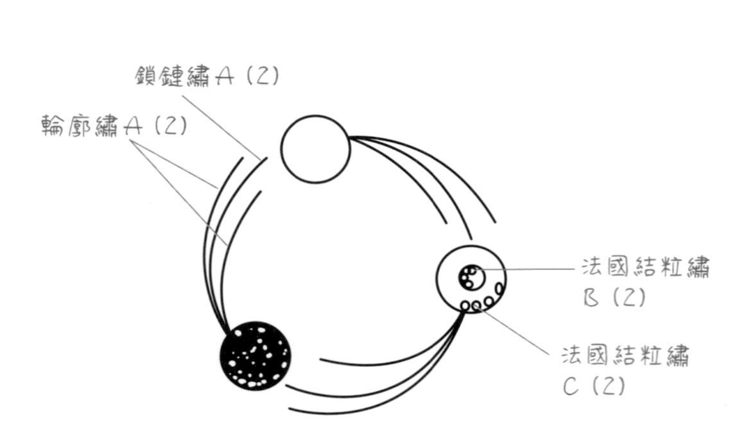

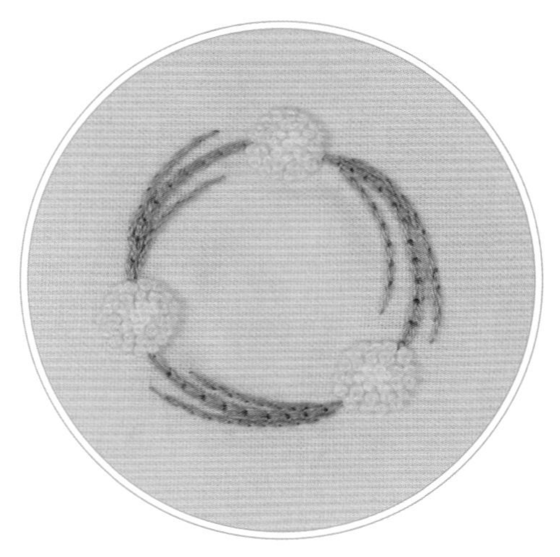

A OLYMPUS 202
B OLYMPUS 540
C DMC 727

[狐尾百合]

植物分類 百合科百合屬　花　語 高貴、傑出

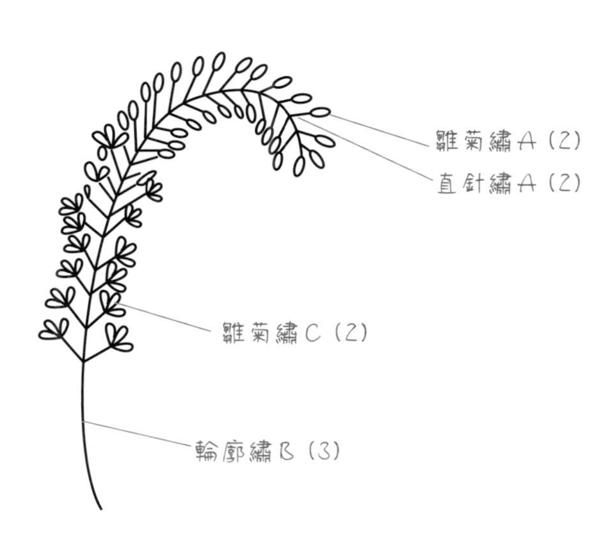

A OLYMPUS 275
B DMC 564
C DMC 727

[薰衣草]

植物分類 唇形科薰衣草屬　花　語 等待愛情

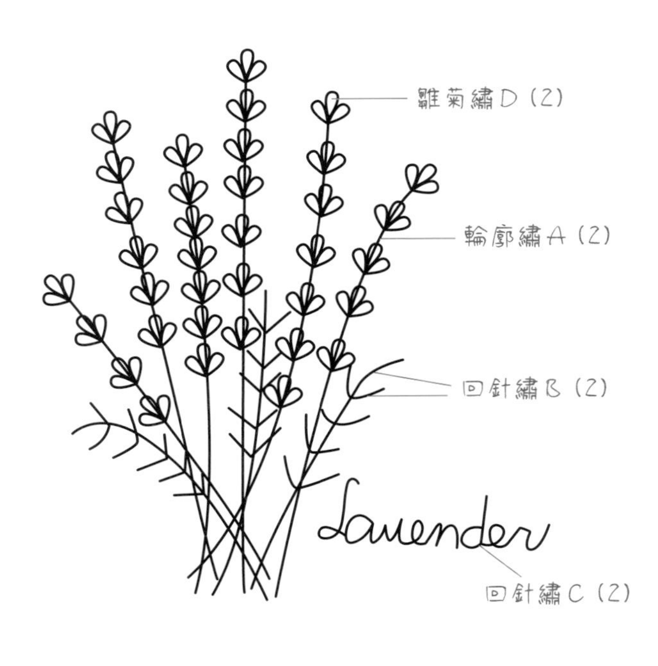

A DMC 943　C DMC 3746
B DMC 959　D DMC 3837

[玫瑰花(捲線玫瑰繡)]

植物分類 薔薇科薔薇屬　花　語 愛情、熱戀

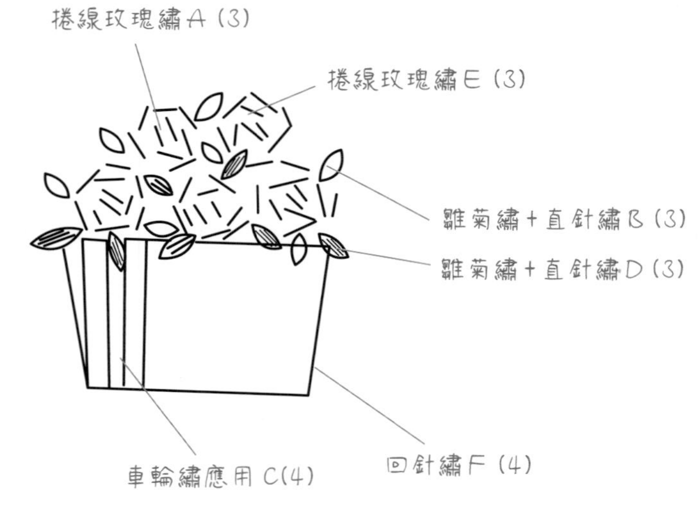

A OLYMPUS 143
B OLYMPUS 273
C OLYMPUS 742
D DMC 505
E DMC 3716
F DMC 3863

[紫萁]

植物分類 紫萁科　花　語 夢想、沉默

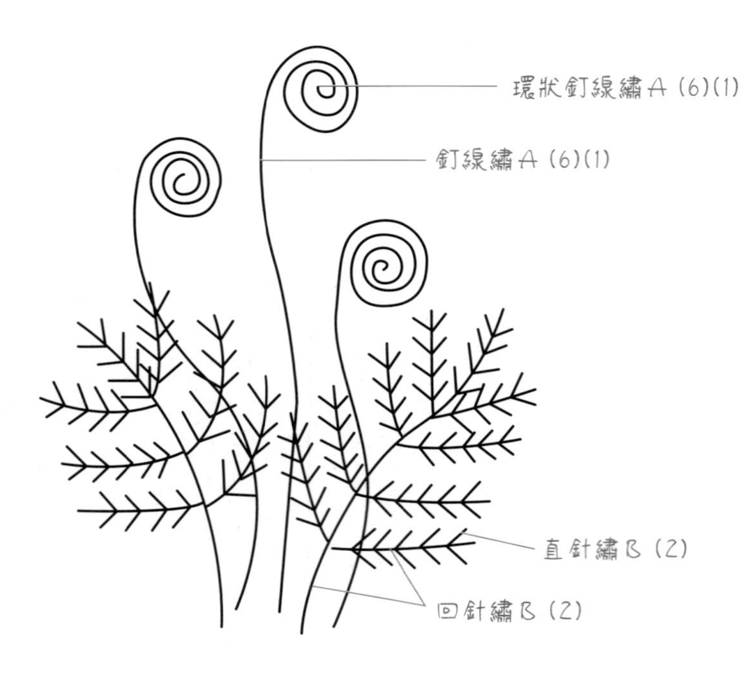

A OLYMPUS 386
B DMC 943

[繡球花]

植物分類 繡球花科繡球屬　花　語 團聚、希望

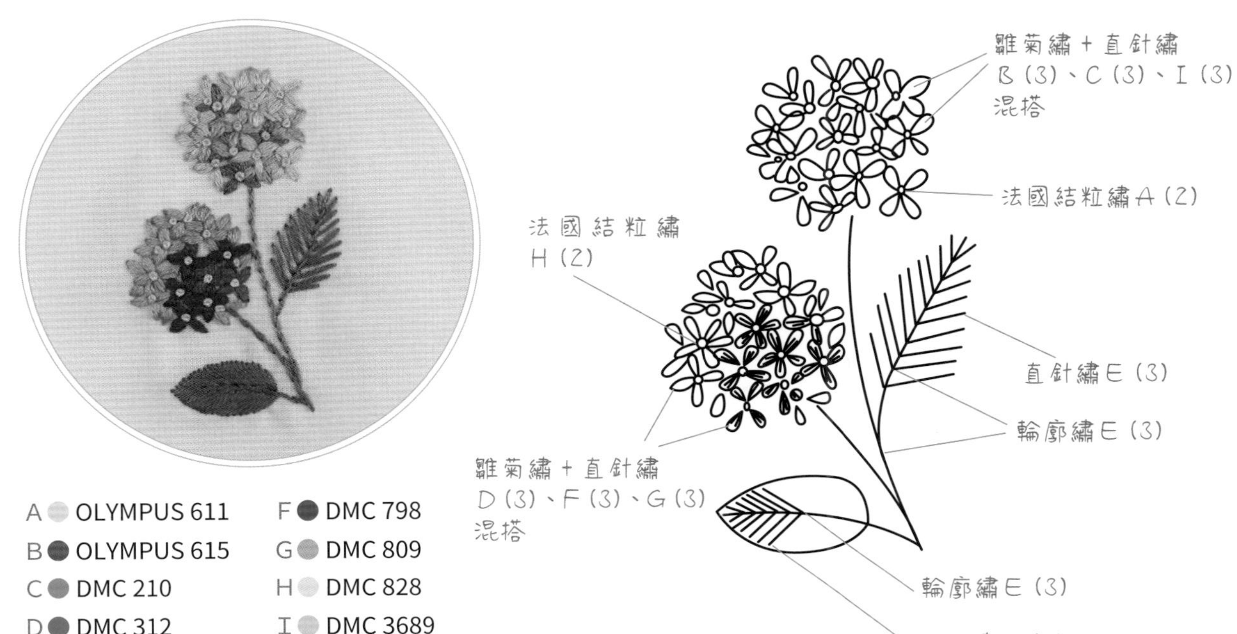

A OLYMPUS 611
B OLYMPUS 615
C DMC 210
D DMC 312
E DMC 505
F DMC 798
G DMC 809
H DMC 828
I DMC 3689

[天人菊]

植物分類 菊科天人菊屬　花　語 協力、團結

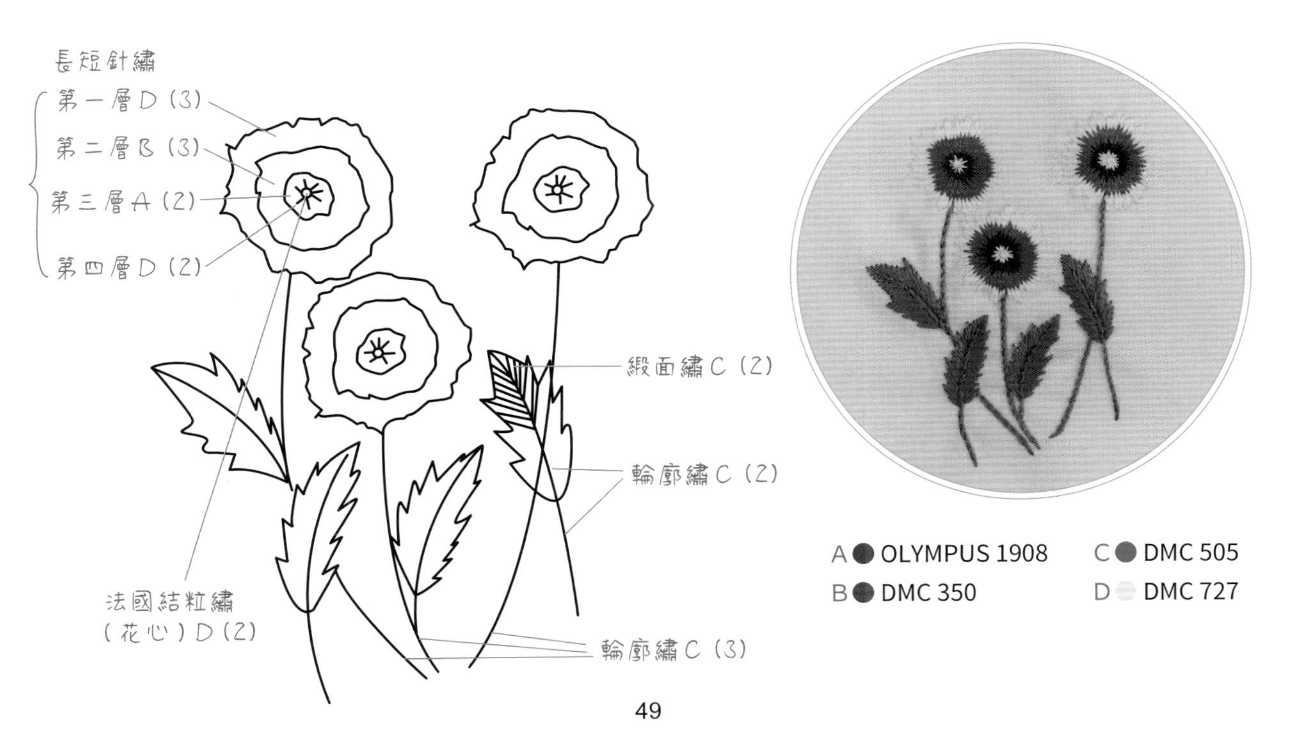

A OLYMPUS 1908
B DMC 350
C DMC 505
D DMC 727

[小麥]

植物分類 禾本科小麥屬　花語 幸運、豐收

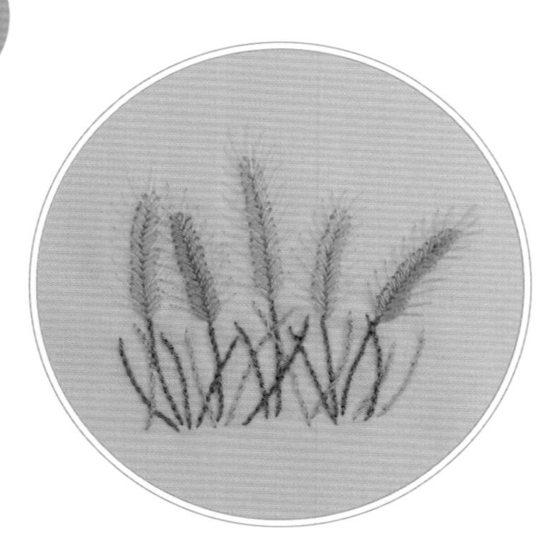

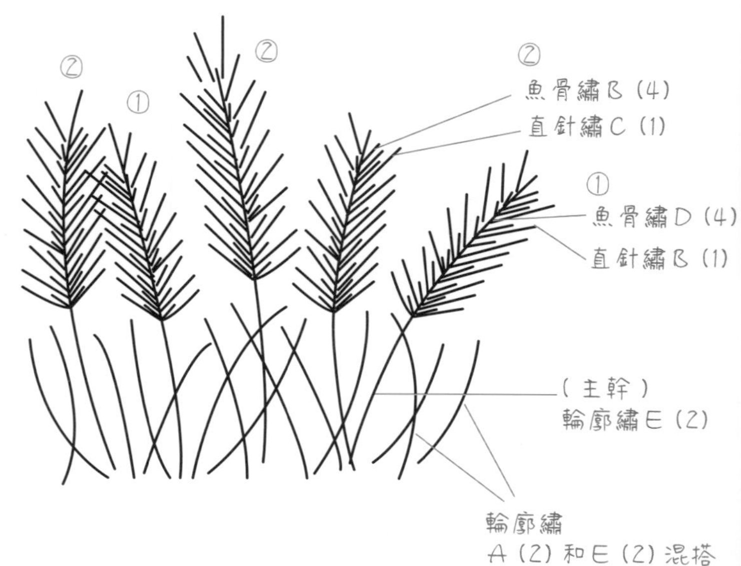

A OLYMPUS 742
B DMC 3820
C DMC 3822
D DMC 3852
E DMC 3863

[彼岸花]

植物分類 石蒜科石蒜屬　花語 優美純潔

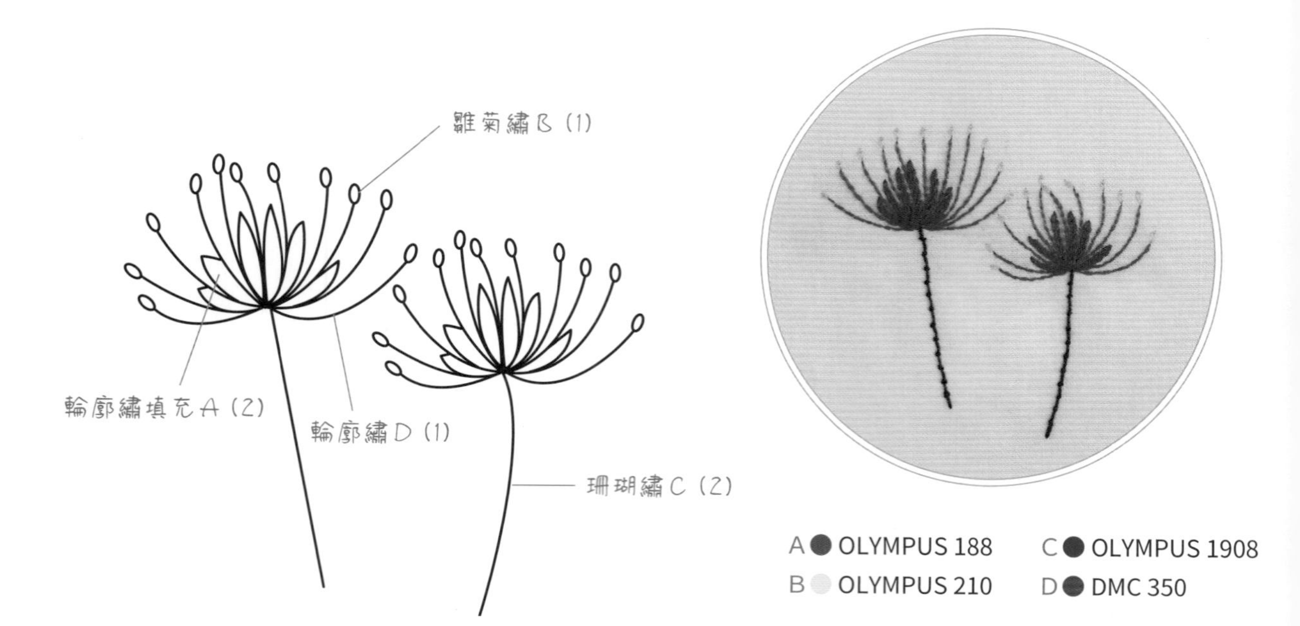

A OLYMPUS 188
B OLYMPUS 210
C OLYMPUS 1908
D DMC 350

[紅葉] 植物分類 落葉灌木 花語 思念的季節

A ● OLYMPUS 1908
B ● DMC 3740
C ● DMC 420

[一串紅] 植物分類 唇形科鼠尾草屬 花語 戀愛的心

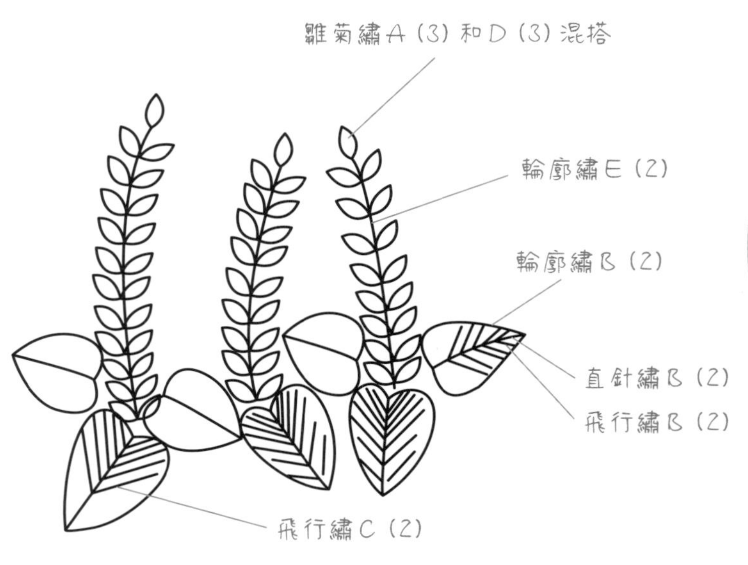

A ● OLYMPUS 188
B ● OLYMPUS 202
C ● OLYMPUS 204
D ● DMC 350
E ● DMC 3834

秋天
Fall

[薔薇]

植物分類 薔薇科薔薇屬　花　語 愛情、思念

飛行繡 A (2)
直針繡 A (2)
直針繡 A (2)
蛛網玫瑰繡 E (3)
蛛網玫瑰繡 F (3)
扭轉鎖鍊繡 C (2)
飛行繡 + 直針繡 D(2)
飛行繡 + 直針繡 B(2)
(每片葉子技法如上列，顏色用三種繡線)

A OLYMPUS 283
B DMC 580
C DMC 895
D DMC 937
E DMC 4503
F DMC 4509

(*DMC4503 及 4509 爲緞染線，
可依喜好另選他色。)

[紅葉與藍鴝鳥]

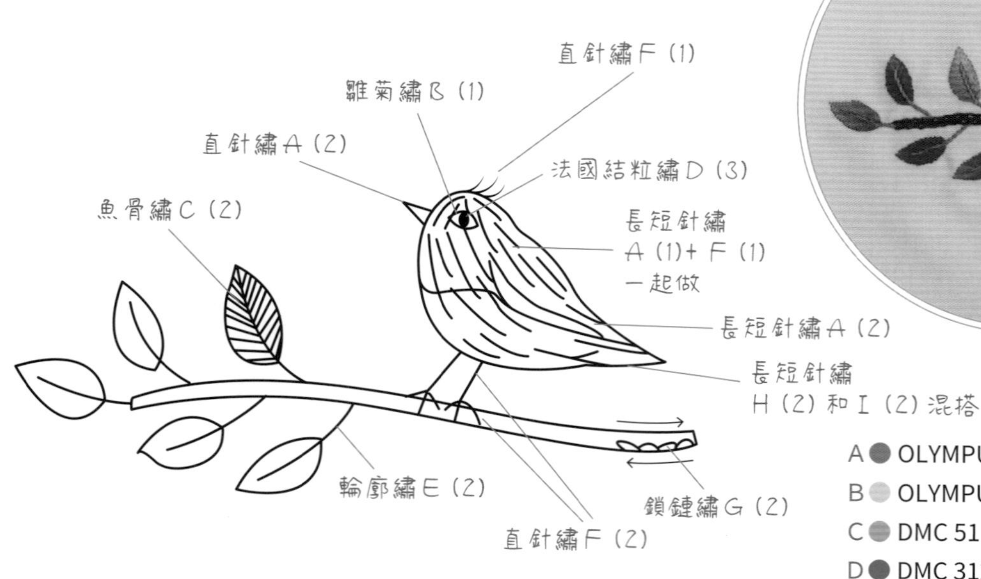

A OLYMPUS 386
B OLYMPUS 611
C DMC 51
D DMC 312
E DMC 420
F DMC 518
G DMC 898
H DMC 919
I DMC 3853

[接骨草與黃尾鴝]

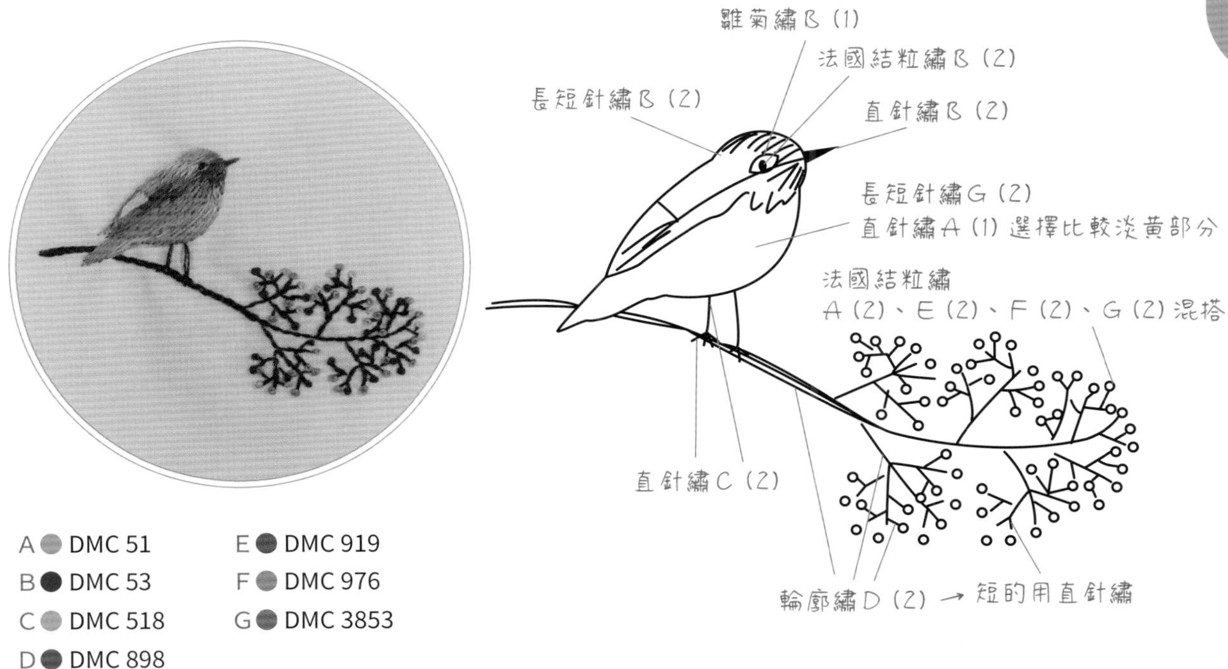

[含羞草]

植物分類 豆科含羞草屬 花 語 禮貌、害羞、敏感

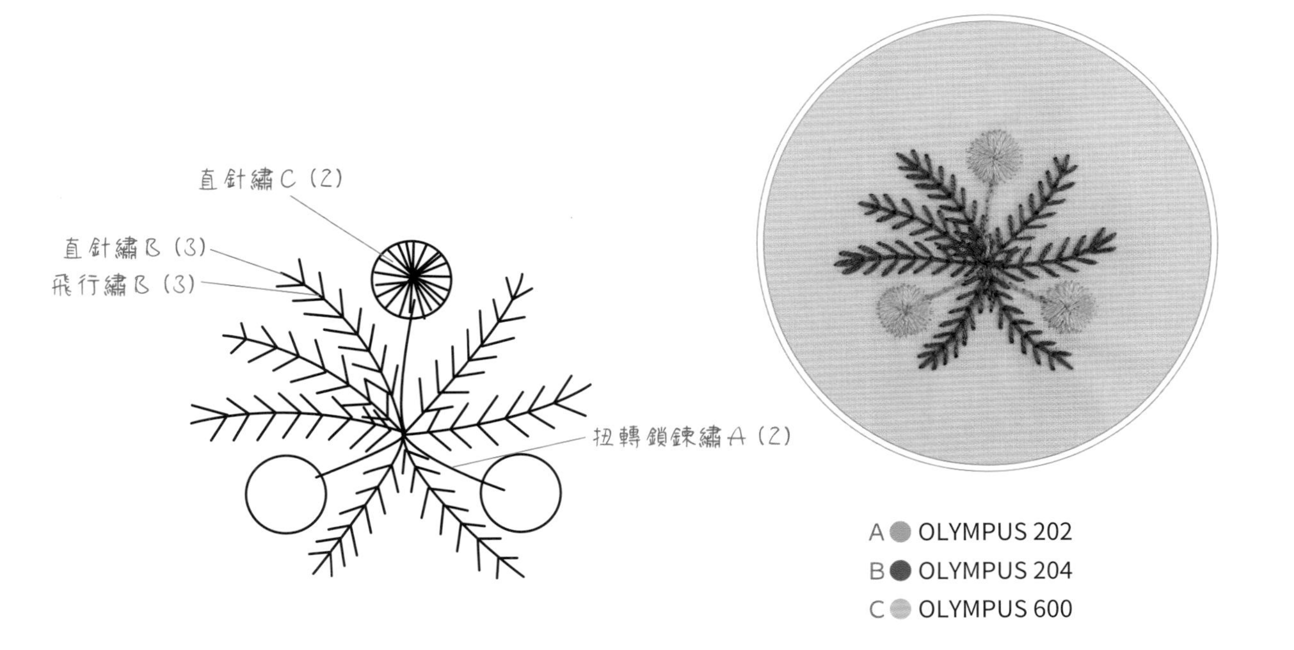

[紫花地丁]

植物分類 堇菜科堇菜屬 花語 誠實

長短針繡 外層D (2) 內層G (2)
長短針繡 外層H (2) 內層C (2)
輪廓繡B (2)
緞面繡E (2)
法國結粒繡A (2)
鎖鍊繡F (2)
直針繡A (2)
輪廓繡填充A (2)

- A OLYMPUS 202
- B OLYMPUS 204
- C DMC 33
- D DMC 210
- E DMC 505
- F DMC 518
- G DMC 3746
- H DMC 3836

[紫薊]

植物分類 菊科薊屬 花語 堅持

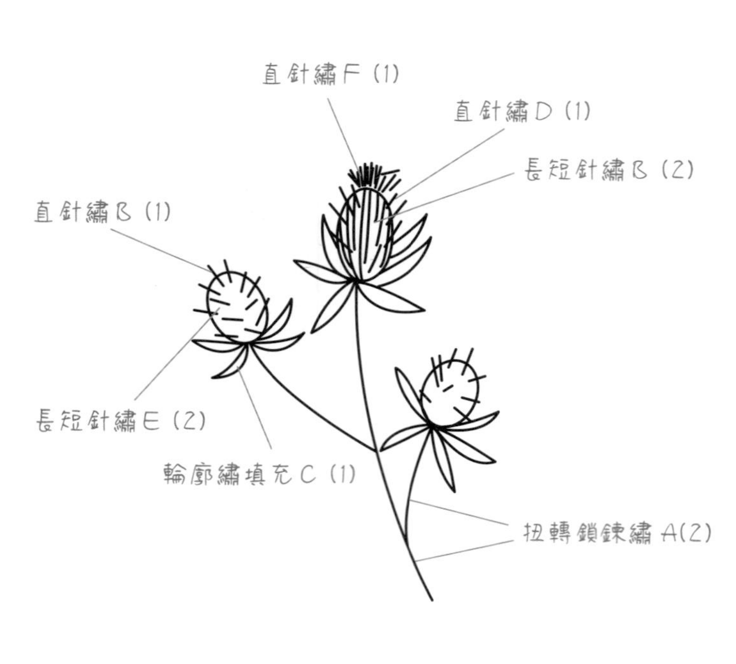

- A OLYMPUS 204
- B DMC 156
- C DMC 163
- D DMC 518
- E DMC 926
- F DMC 3607

[落羽杉]

植物分類 柏科落羽杉屬

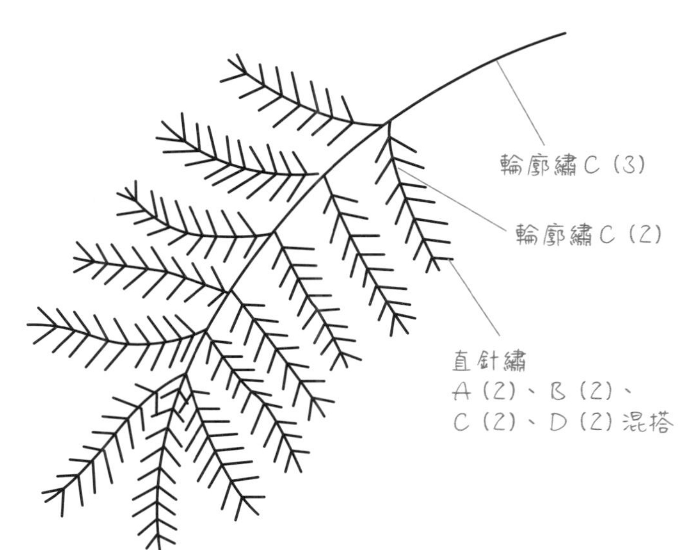

A DMC 51　C DMC 919
B DMC 580　D DMC 3853

[迷迭香]

植物分類 唇形科迷迭香屬　花　語 永恆的生命

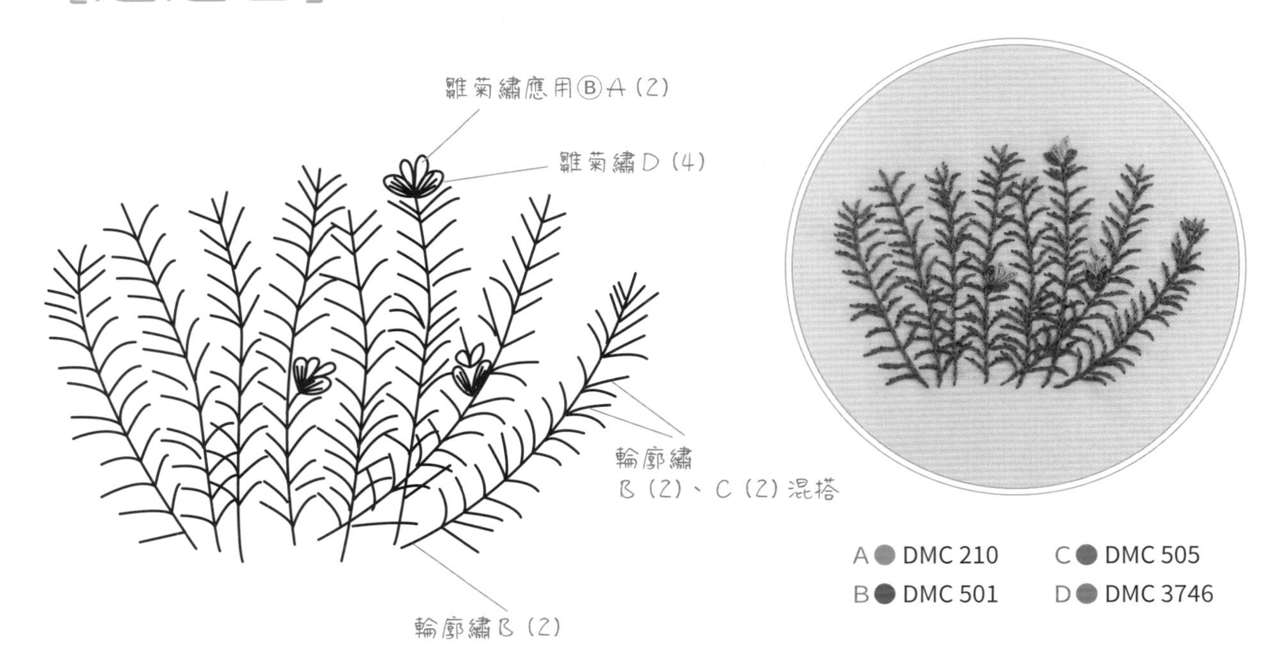

A DMC 210　C DMC 505
B DMC 501　D DMC 3746

[銀杏]

植物分類 銀杏科銀杏屬　花　語 沉著、堅韌

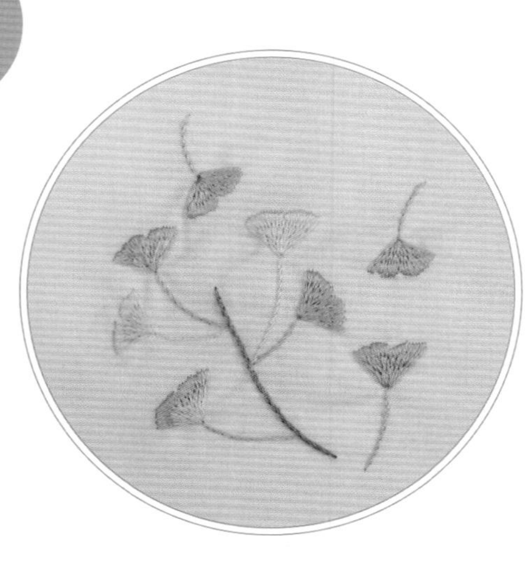

A OLYMPUS 283
B OLYMPUS 290
C OLYMPUS 735
D DMC 3820
E DMC 3822

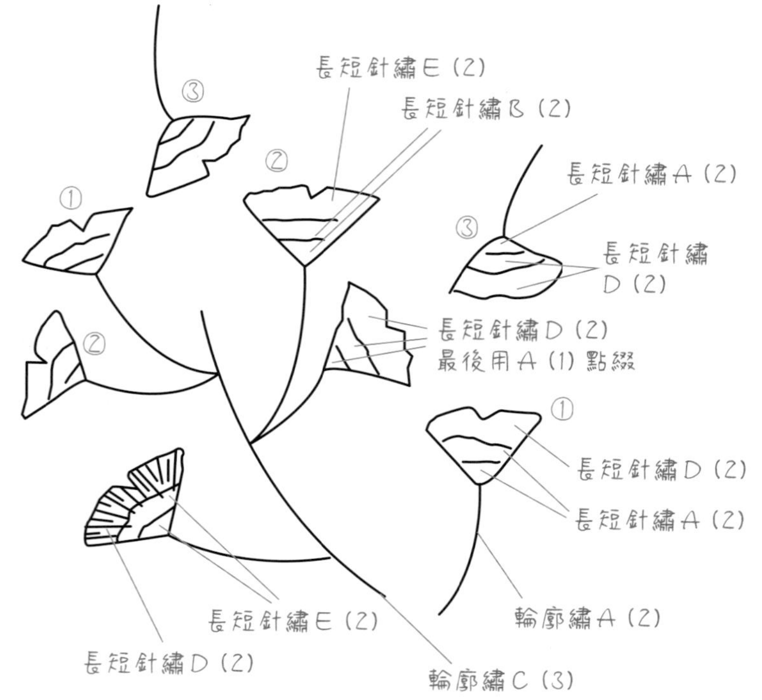

[蘑菇]

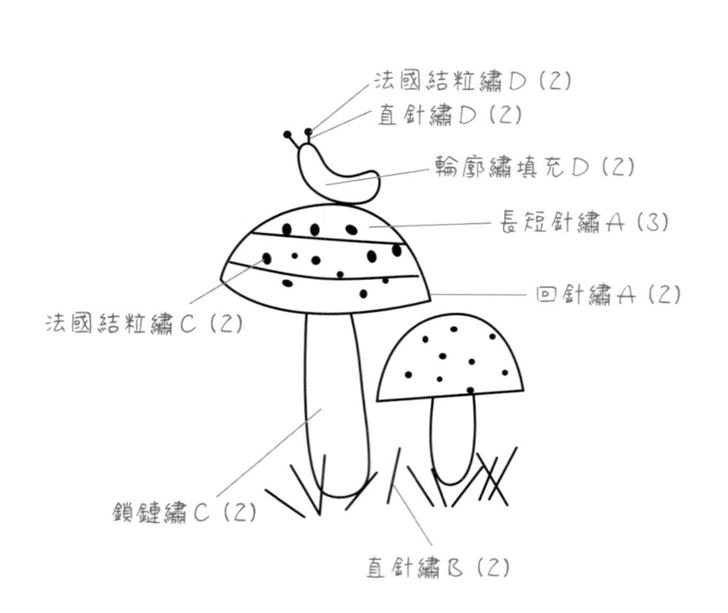

A OLYMPUS 188
B OLYMPUS 245
C OLYMPUS 283
D DMC 210

[美女櫻]

植物分類 馬鞭草科馬鞭草屬　花　語 相守、和睦

雛菊繡應用Ⓑ
C (2)、D (2)、E (2) 混搭

法國結粒繡A (2) 一圈

輪廓繡B (2)

A DMC 745
B DMC 904
C DMC 3609
D DMC 3713
E DMC 3716

[繁星花]

植物分類 茜草科繁星花屬　花　語 團結、正統

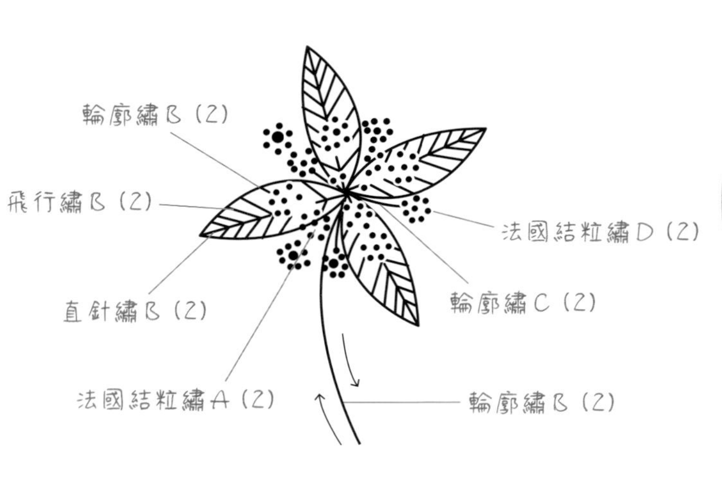

A OLYMPUS 1602
B DMC 798
C DMC 809
D DMC 3716

[水仙]

植物分類 石蒜科水仙屬　花 語 自戀、陶醉

冬天 Winter

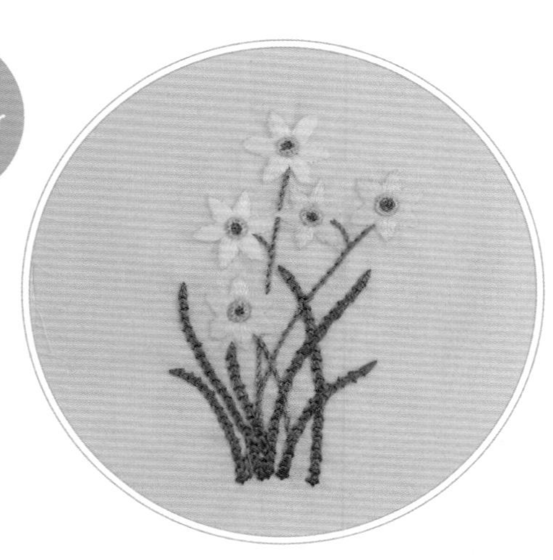

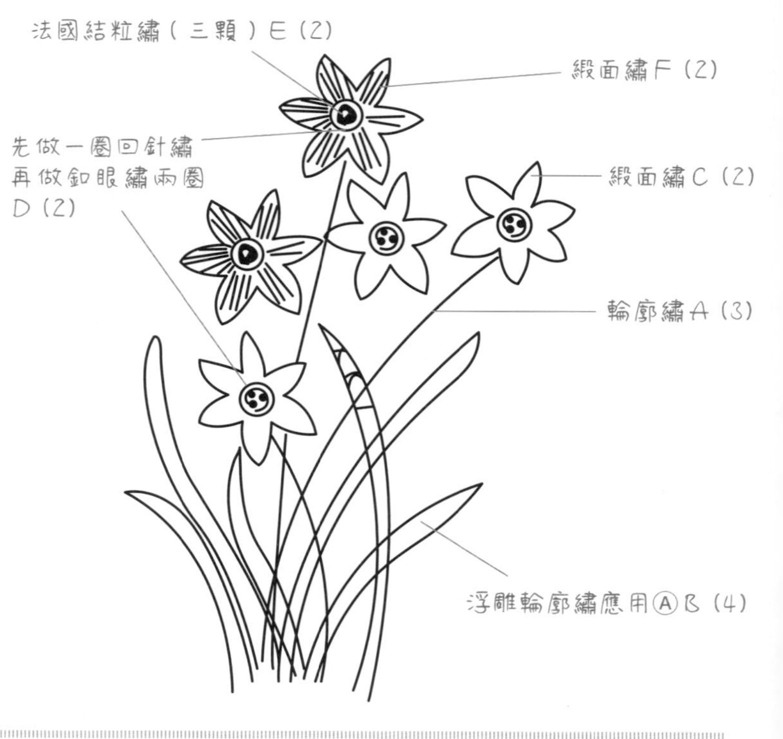

A DMC 163
B DMC 505
C DMC 727
D DMC 3821
E DMC 3853
F DMC BLANC

[君子蘭]

植物分類 石蒜科君子蘭屬　花 語 富貴高尚、君子之風

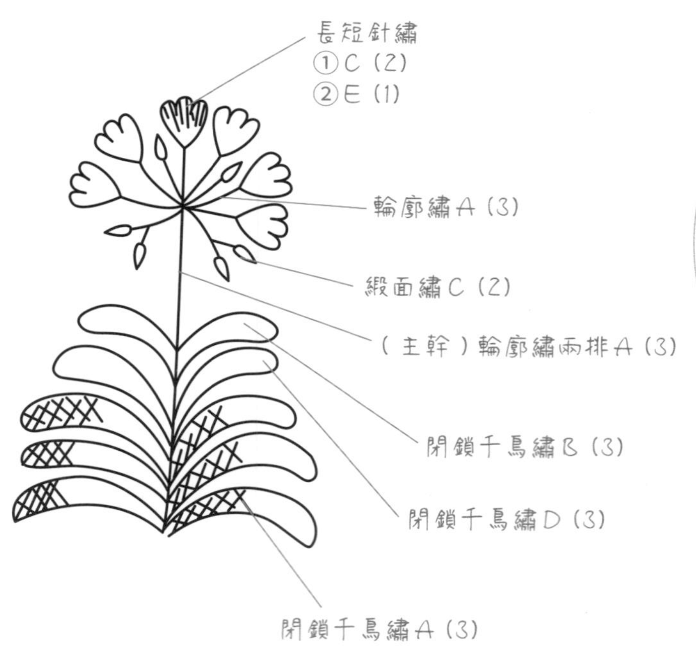

A OLYMPUS 204
B OLYMPUS 275
C DMC 350
D DMC 505
E DMC 3853

冬天 Winter

[大波斯菊]

植物分類 菊科秋英屬　花　語 少女的真心

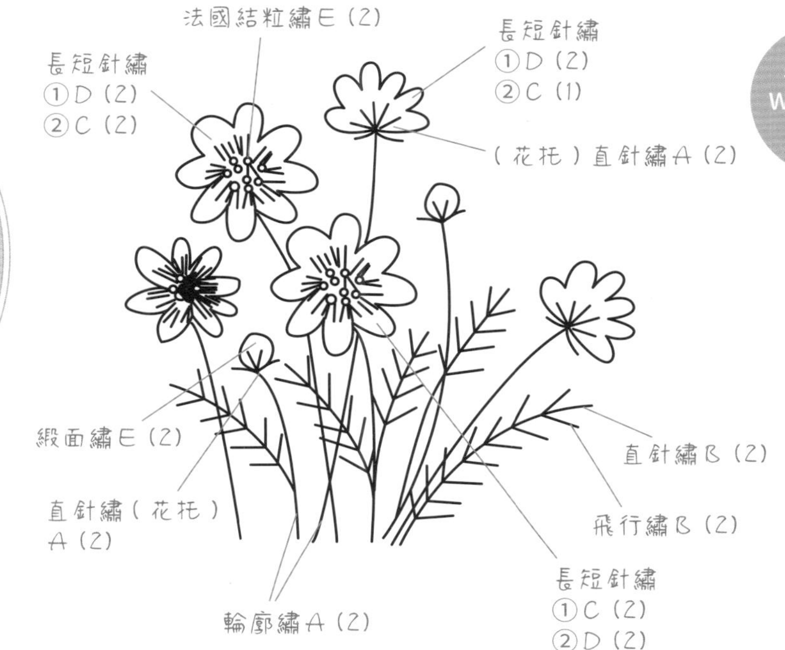

A DMC 505　D DMC 3609
B DMC 910　E DMC 3822
C DMC 3607

[山茶花]

植物分類 山茶科山茶屬　花　語 理想的愛、謙遜

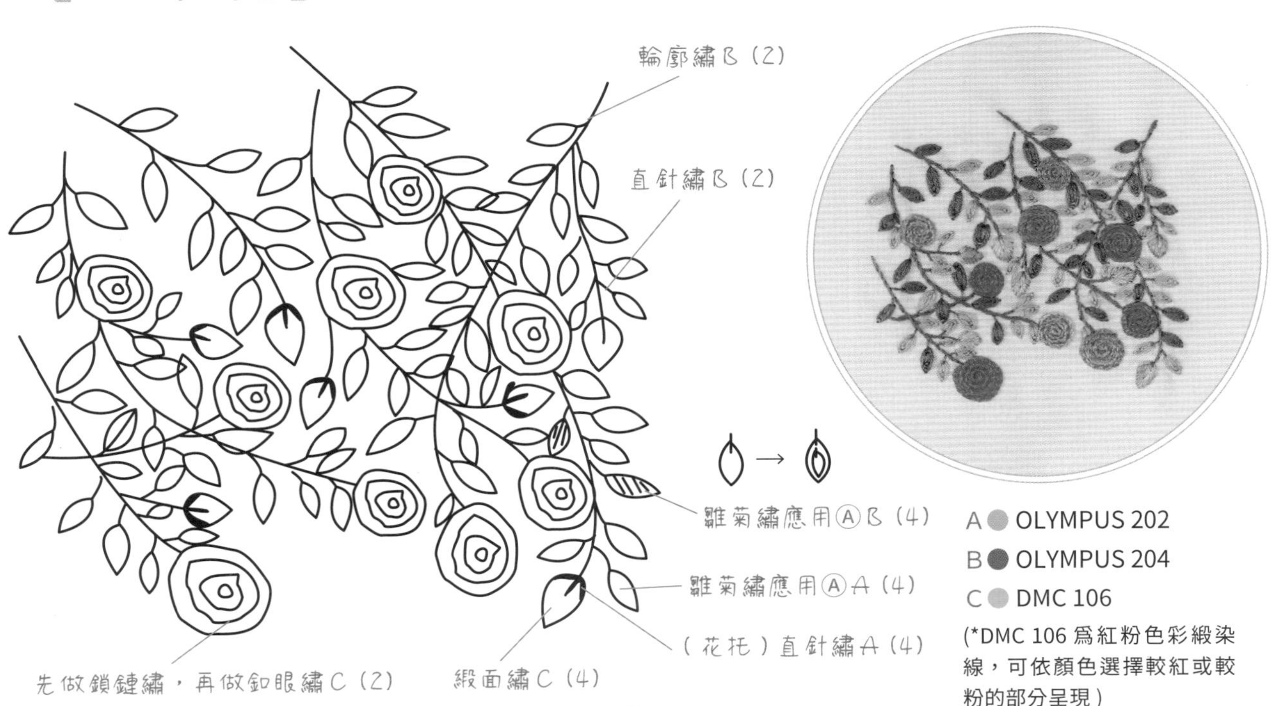

A OLYMPUS 202
B OLYMPUS 204
C DMC 106
(*DMC 106 爲紅粉色彩緞染線，可依顏色選擇較紅或較粉的部分呈現)

[珊瑚鳳梨]

植物分類 鳳梨科珊瑚鳳梨屬　花　語 完美無缺

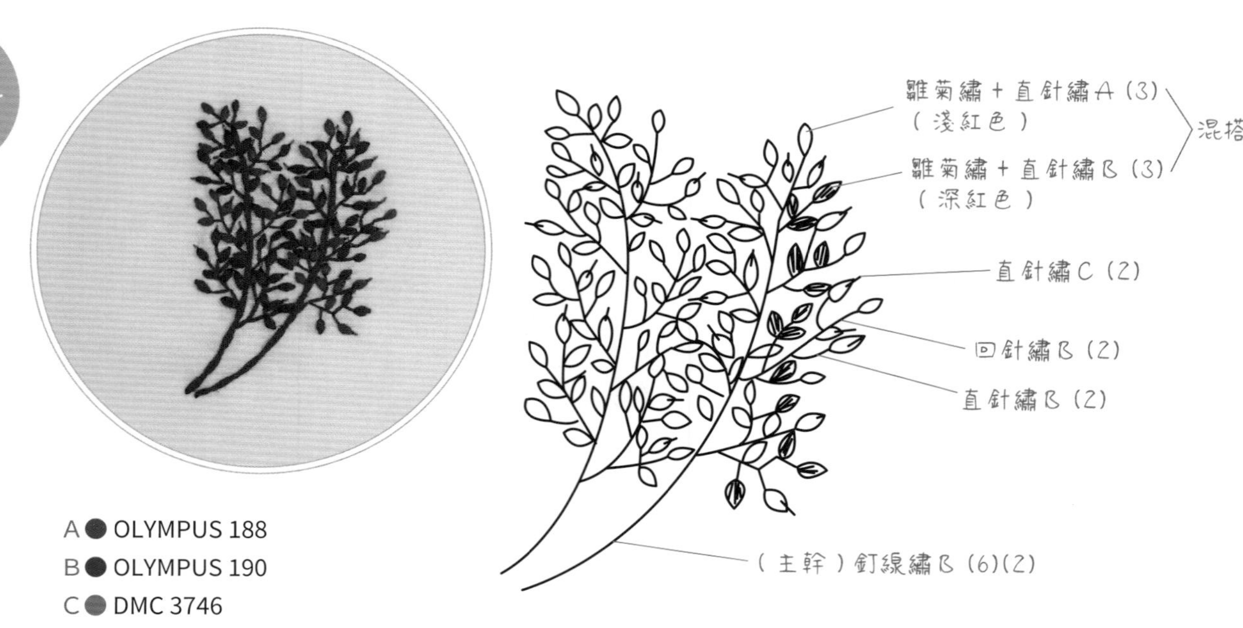

A OLYMPUS 188
B OLYMPUS 190
C DMC 3746

[梅花]

植物分類 薔薇科李屬　花　語 忠貞、堅毅

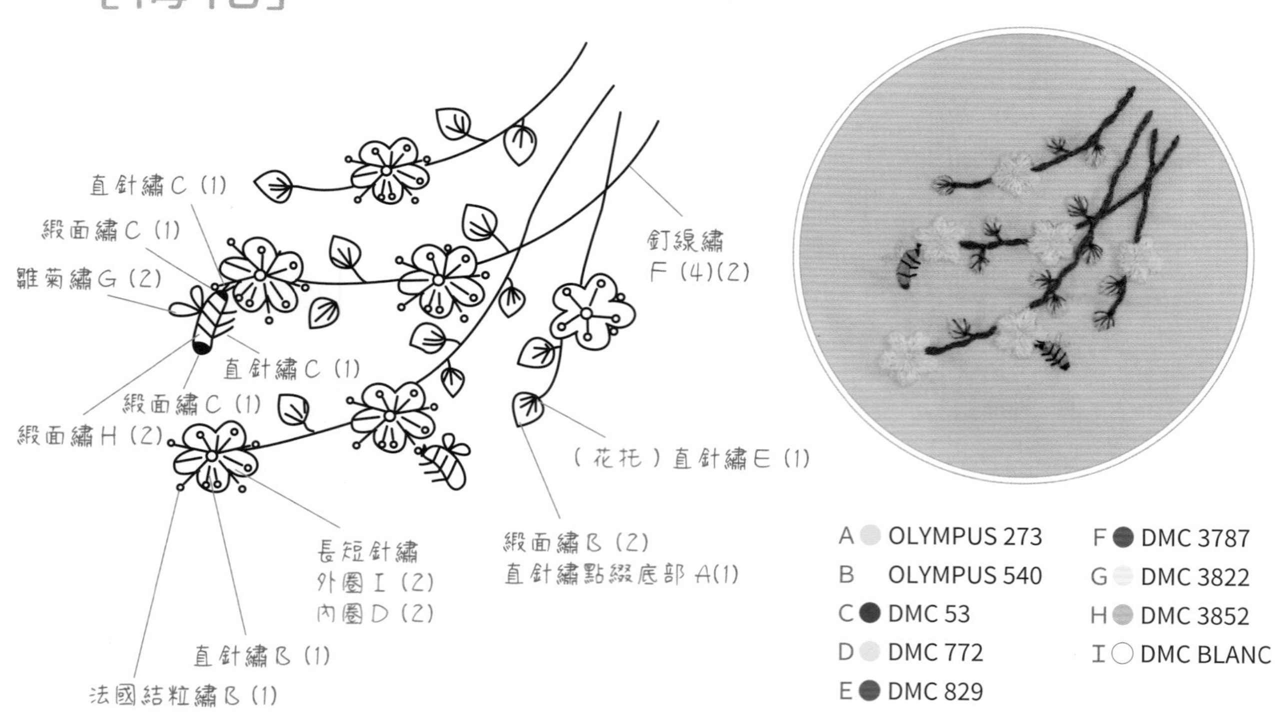

A OLYMPUS 273
B OLYMPUS 540
C DMC 53
D DMC 772
E DMC 829
F DMC 3787
G DMC 3822
H DMC 3852
I DMC BLANC

冬天
Winter

[豔果金絲桃]

植物分類 金絲桃科金絲桃屬　花語 誘惑、迷信

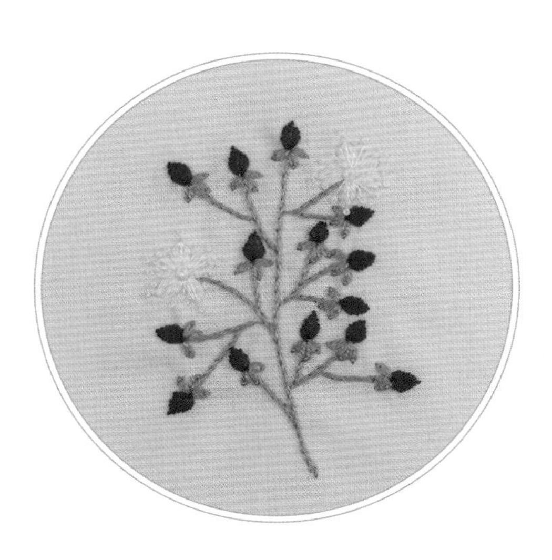

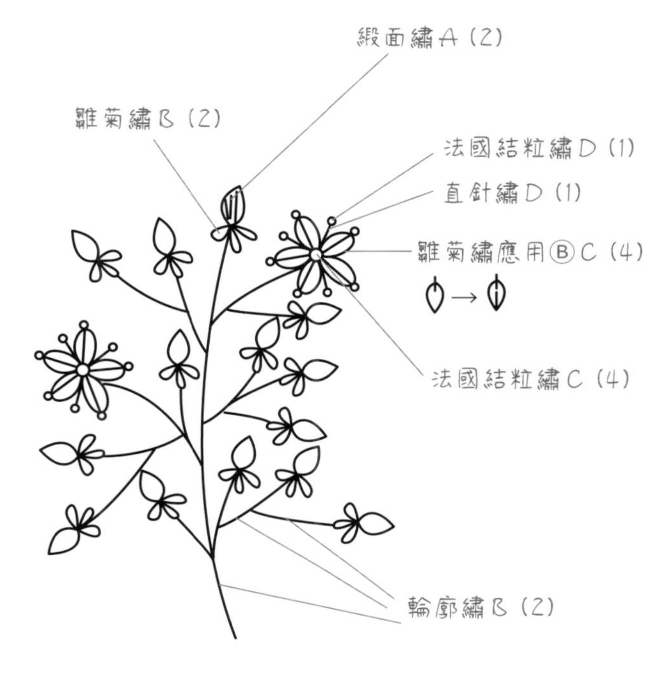

A OLYMPUS 188　C DMC 727
B OLYMPUS 275　D DMC 3078

[銀柳]

植物分類 楊柳科柳屬　花語 財源滾滾、團聚新生

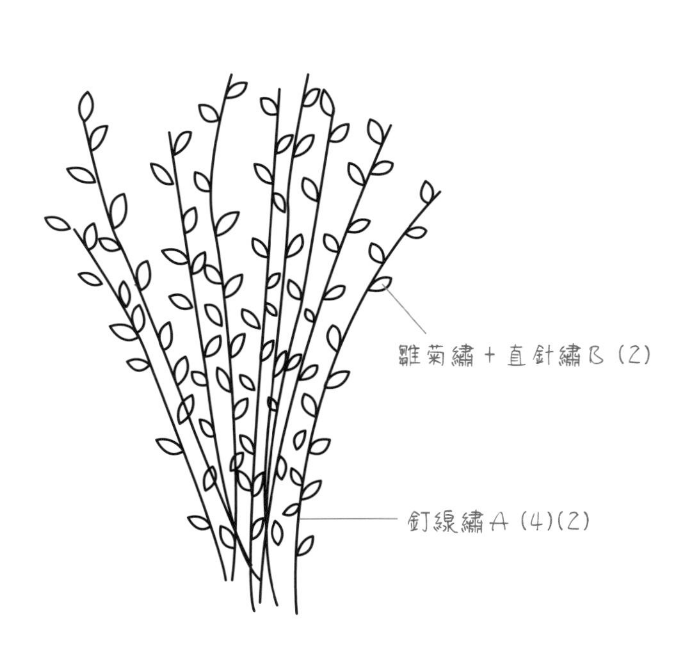

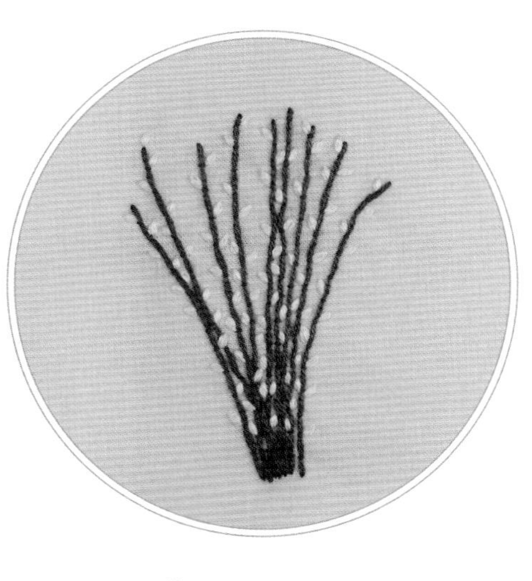

A DMC 829
B DMC BLANC

[聖誕冬青]

植物分類 冬青科冬青屬　花　語 生命的延續

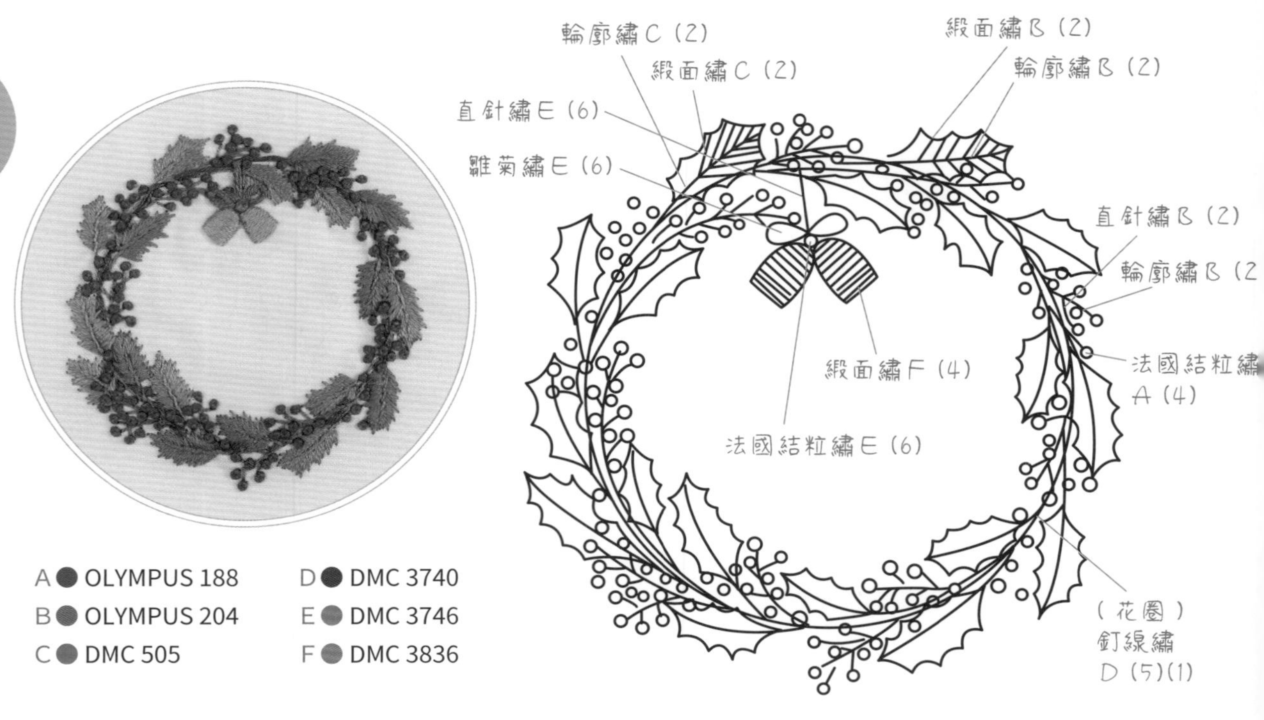

A OLYMPUS 188　D DMC 3740
B OLYMPUS 204　E DMC 3746
C DMC 505　F DMC 3836

[聖誕紅]

植物分類 大戟科大戟屬　花　語 祝福、我心熾熱

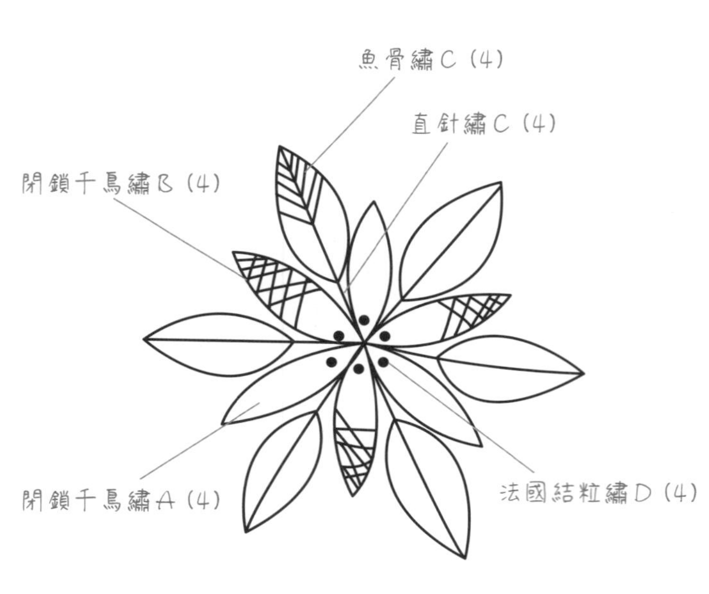

A OLYMPUS 188　C OLYMPUS 255
B OLYMPUS 190　D DMC 3821

[火鶴花]

植物分類 天南星科花燭屬　花　語 熱情、燃燒的心

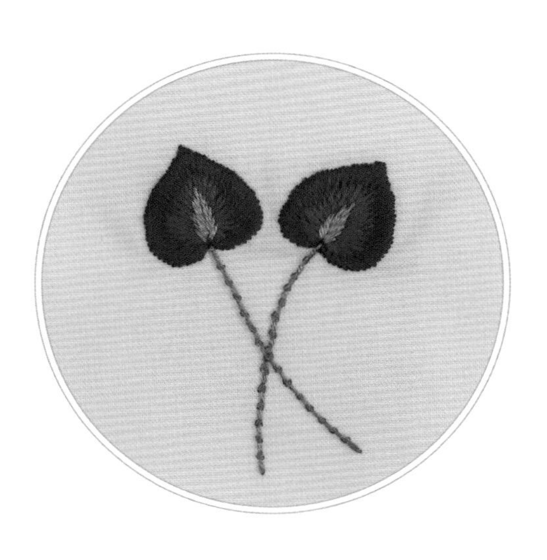

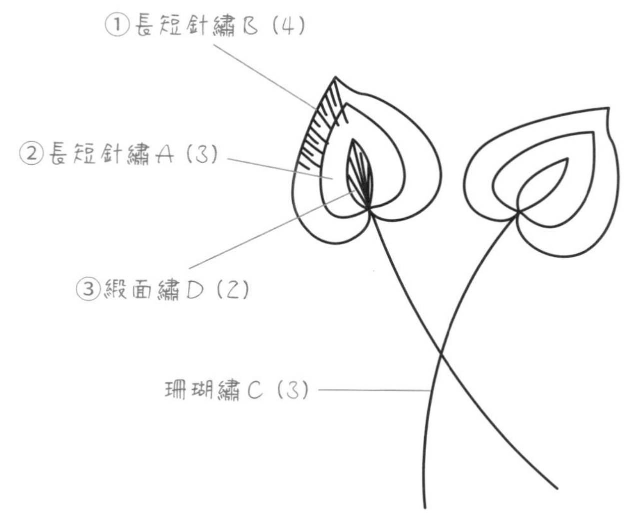

A ● OLYMPUS 188　C ● DMC 505
B ● OLYMPUS 190　D ● DMC 3688

[松果]

植物分類 松科

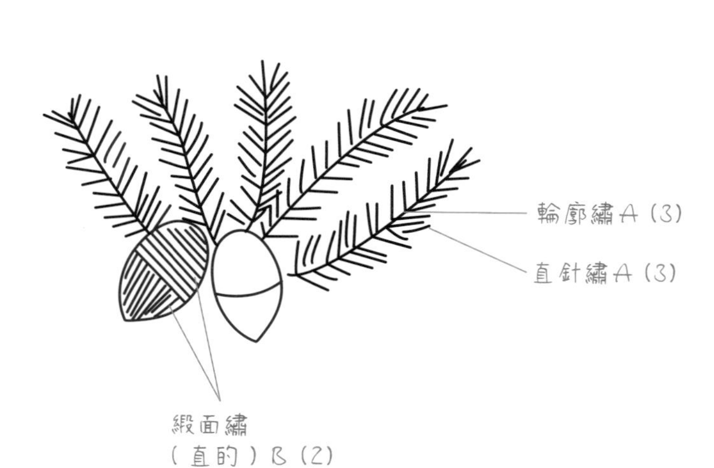

A ● OLYMPUS 343　C ● DMC 3863
B ● OLYMPUS 742

[酸漿果]

植物分類 茄科酸漿屬　花語 不可思議、隱瞞

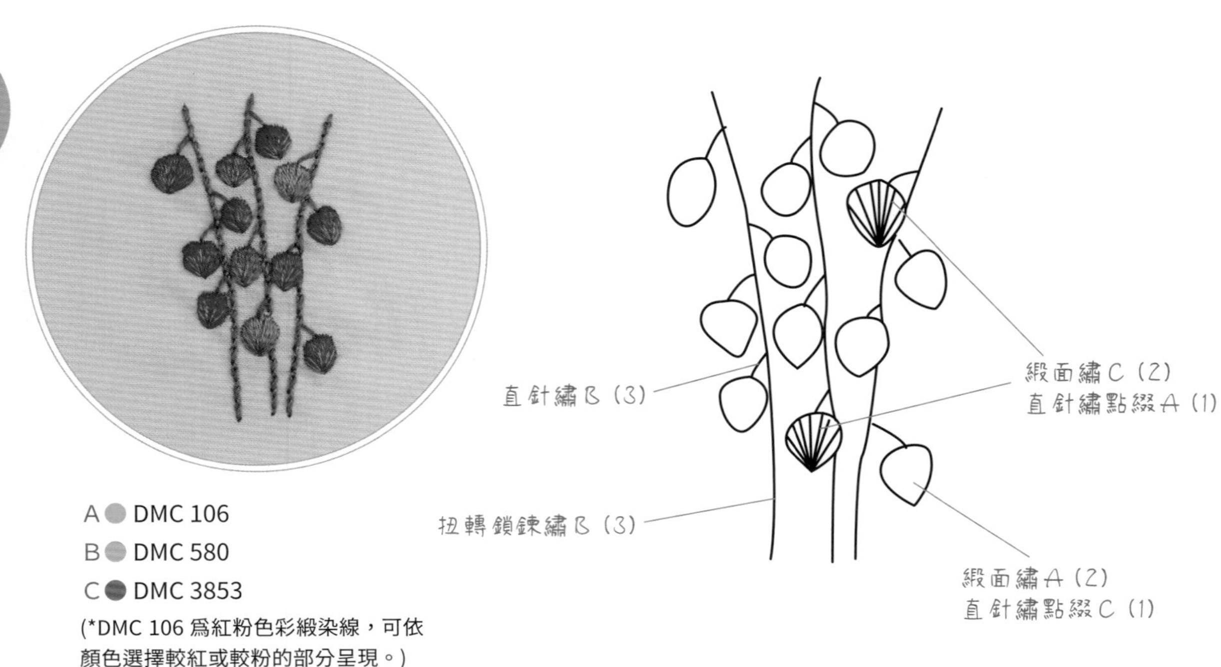

A DMC 106
B DMC 580
C DMC 3853
(*DMC 106 爲紅粉色彩緞染線，可依顏色選擇較紅或較粉的部分呈現。)

[蠟花]

植物分類 桃金孃科　花語 長青

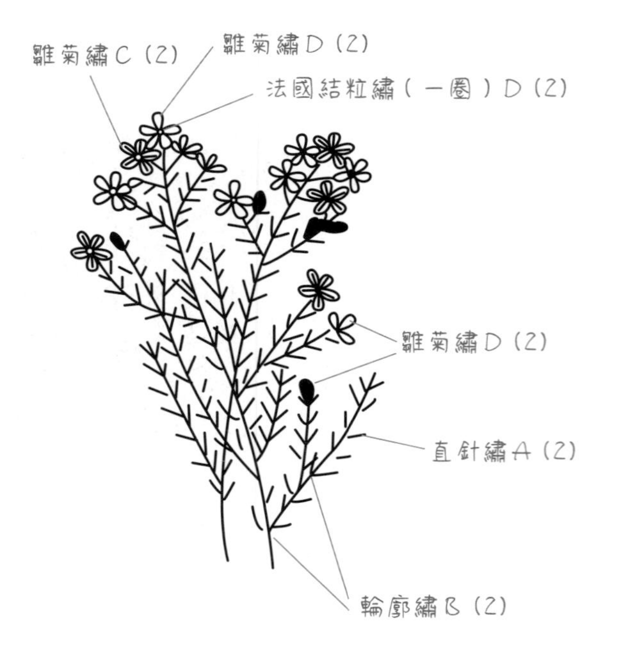

A DMC 505
B DMC 829
C DMC 3687
D DMC 3716

冬天 Winter

[虎刺梅]

植物分類 大戟科大戟屬　花語 倔強、堅貞

A ● OLYMPUS 343
B ● DMC 57
C ● DMC 163
(*DMC 57 爲彩色緞染線，可依自己喜好選擇紅色或粉色做花。)

[臘梅]

植物分類 蠟梅科蠟梅屬　花語 堅忍、頑強、犧牲

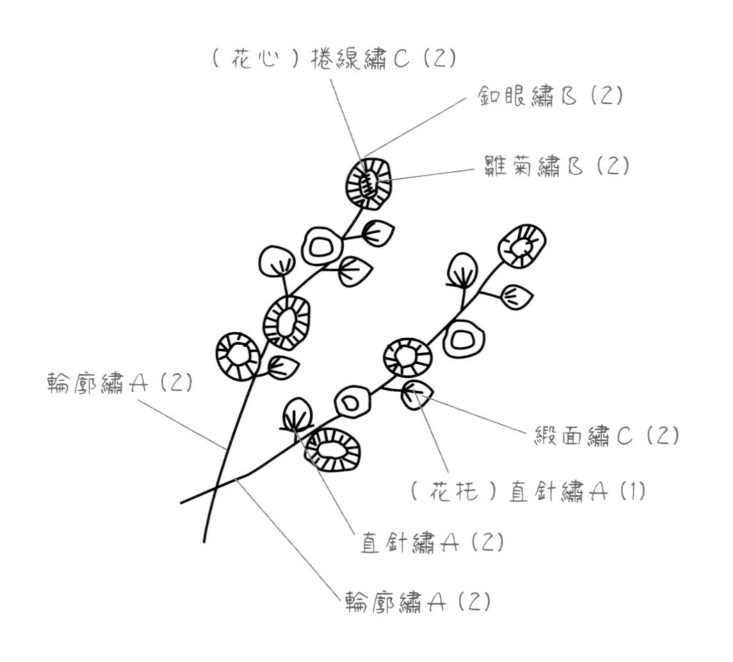

A ● DMC 898　C ● DMC 3821
B ● DMC 3078

Chapter 3

刺繡前須知

- 工具材料介紹
- 刺繡前的準備工作
- 基礎 & 進階繡法

工具材料介紹

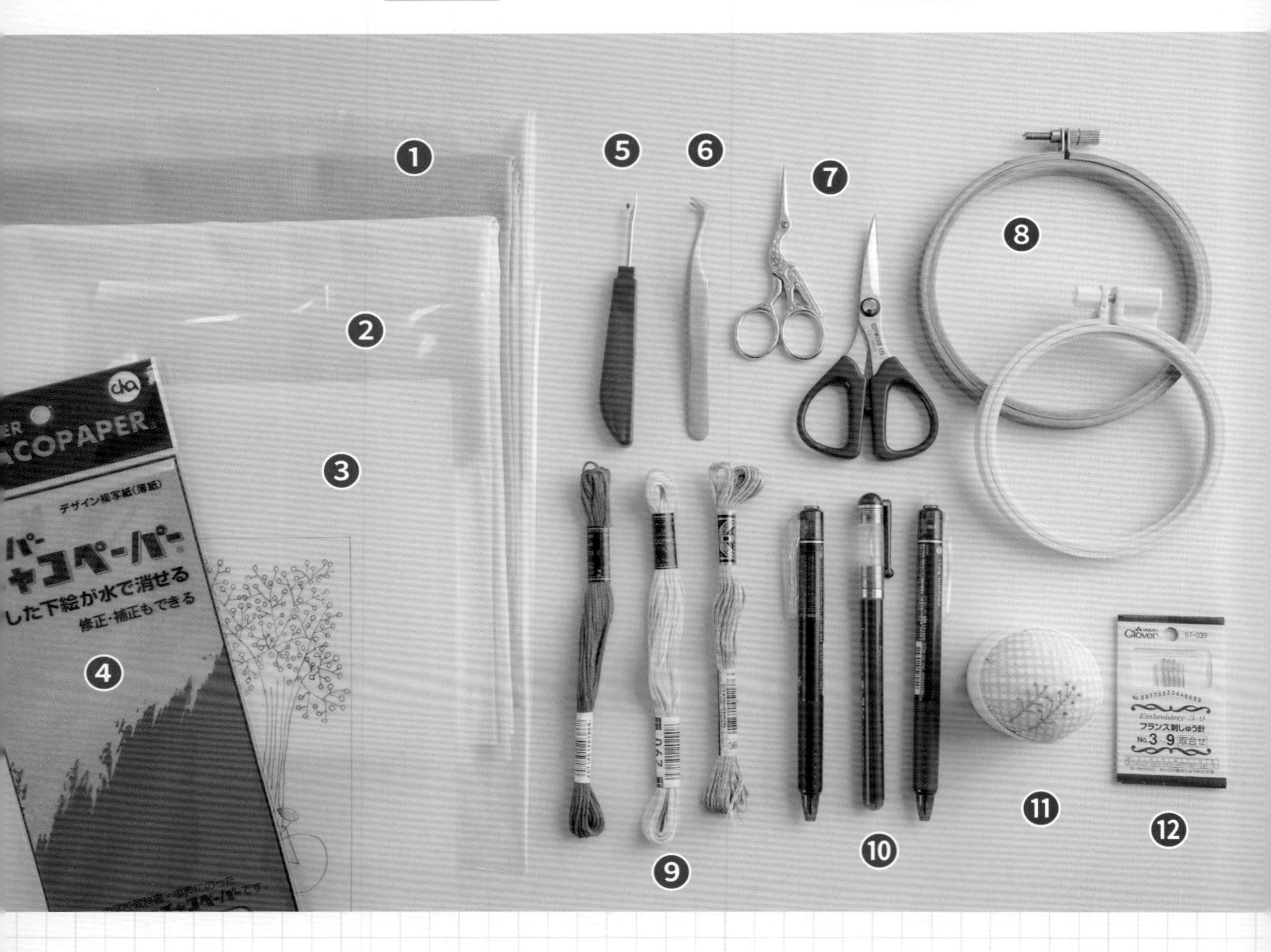

① 棉、麻布
② 玻璃紙
③ 描圖紙
④ 複寫紙
⑤ 拆線器
⑥ 鑷子
⑦ 線剪
⑧ 繡框（木製、塑膠）
⑨ 25 號繡線
⑩ 記號筆（熱消擦擦筆、水消筆）、鐵筆 (可用無水原子筆替代)
⑪ 針插
⑫ 法式刺繡綜合針

刺繡前的準備工作

如何繃框

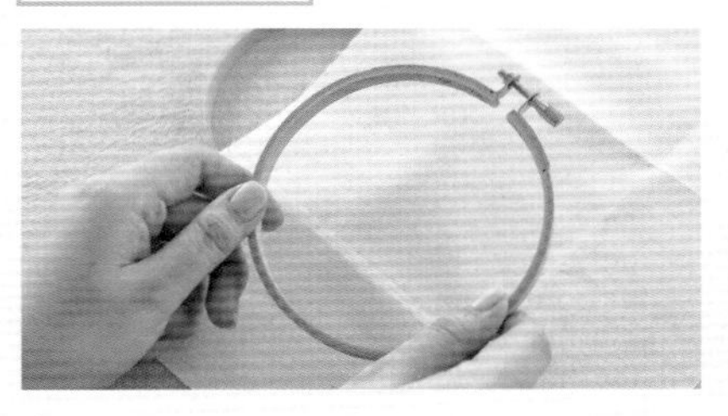

1 將繡框的螺絲轉鬆，把內圈放在桌上，接著再依序疊上布料以及外圈。

2 留意圖案的位置要置中，接著一邊將布料拉平，一邊將螺絲轉緊。

如何抽線及分線

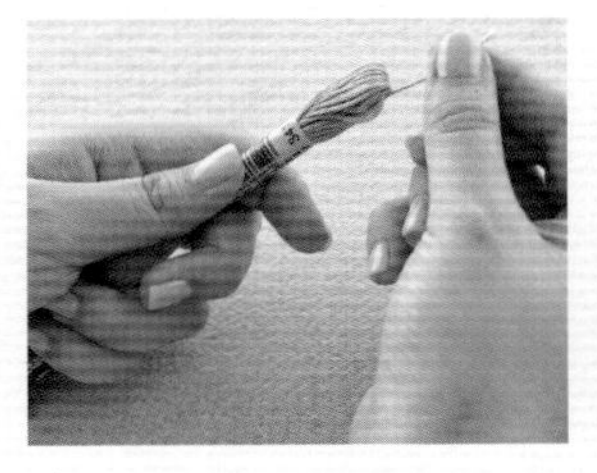

1 一手壓住標籤，另一手慢慢拉出線頭。

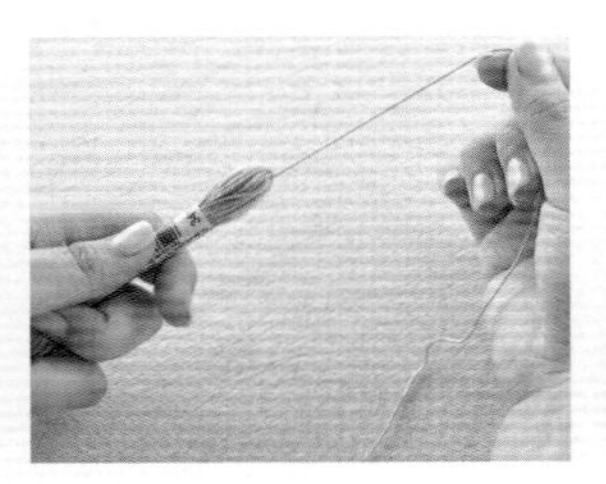

2 建議拉出約 60 公分左右長度先剪一段。

3 如圖，一條線可再分出六股線。

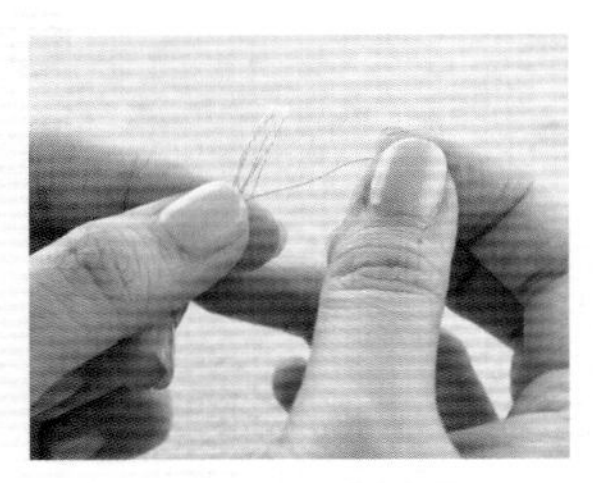

4 依照所需要的股數一條條慢慢抽出。

Q：為什麼要分線？ A：25 號繡線是由一條長度 8 公尺的繡線收束而成，一條是由 6 股線捻成，故還可再分出 1~6 股線來用。配合圖案需求，用不同股數的線繡出不同圖案的粗細效果。

如何使用穿線器

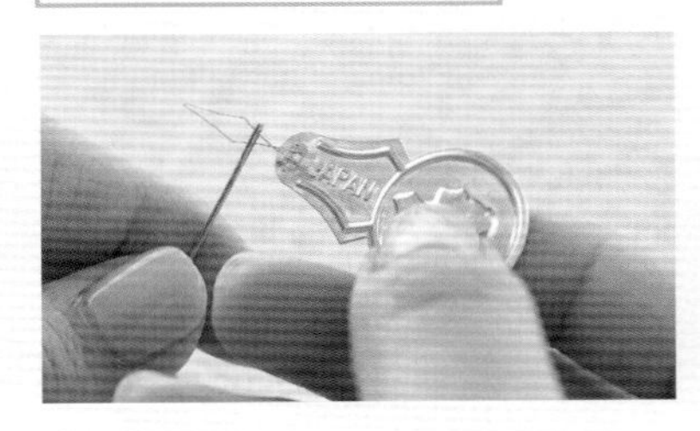

1 將穿線器尖端的金屬線圈先穿入針孔之中。

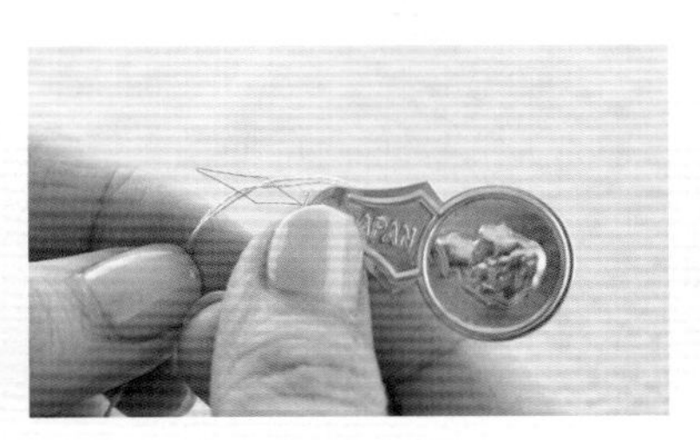

2 將繡線穿入金屬線圈內。

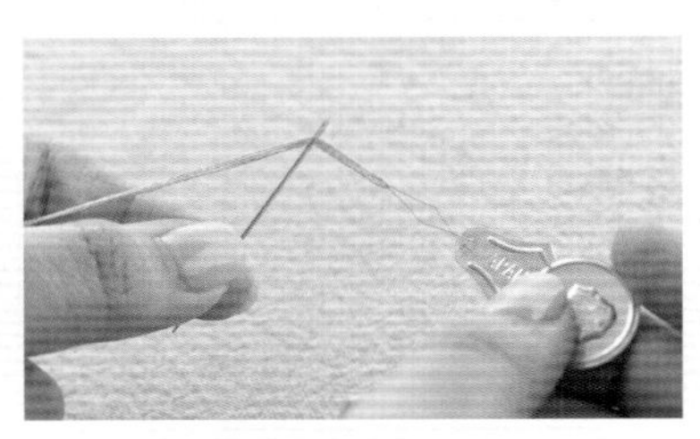

3 將金屬線圈拉出，完成。

起針及收針

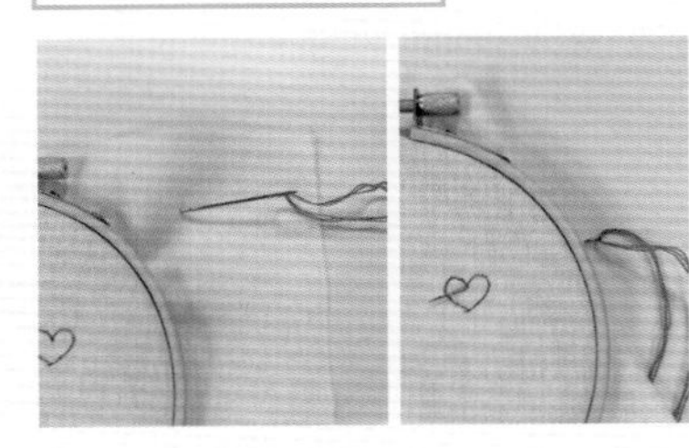

1 繡線不需打結，從布片外圍起針，留一段長度最後收線用。

2 以緞面繡為例填滿後，將尾線繞過背面 2~3 次固定後剪掉多餘的線。

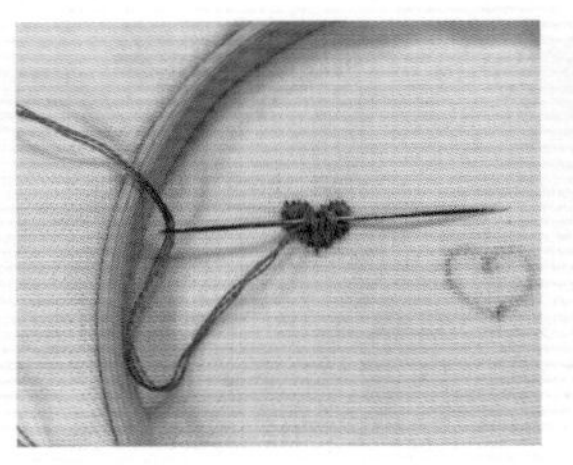

3 起頭的線同尾線，穿針後繞背面 2~3 次固定。

4 剪掉多餘的線，即完成收線。

基礎繡法教學

Basic Stitch

01 直針繡 Straight Stitch

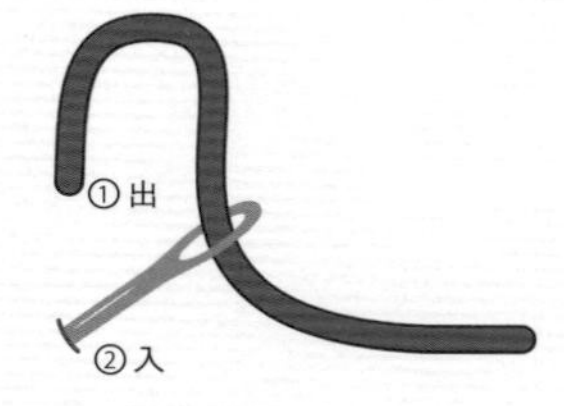

1 從圖案開始處起針，結尾處入針，繡好的樣子如一條線。

2 接著依圖案所需處出針，重複動作完成。

02 緞面繡 Satin Stitch

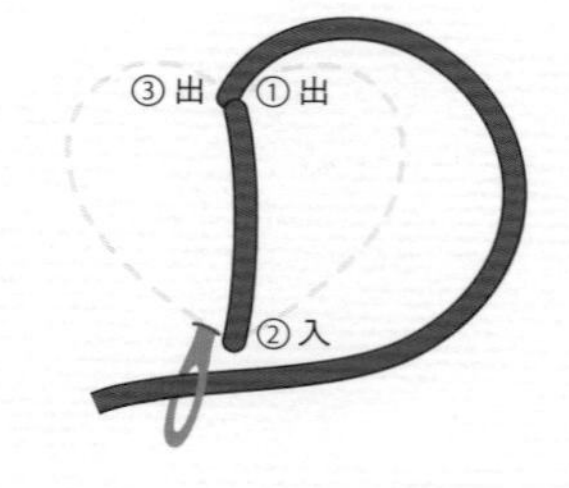

1 建議從圖案的中間開始起針，往另一頭入針，以此類推。

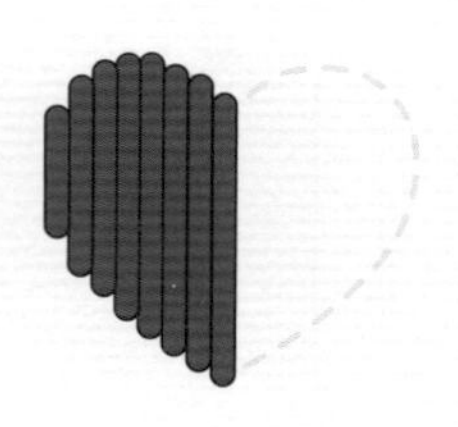

2 先將圖案的左半部填滿。

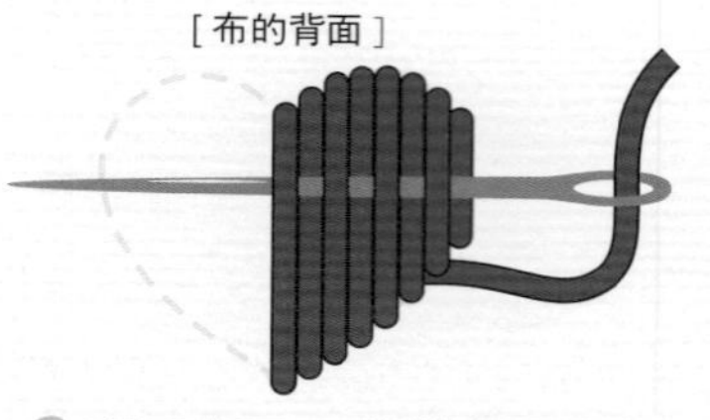

3 翻至背面， 將針穿過線中，接著回到中心入針，翻回正面。

4 依相同作法填滿圖案的右半部，完成。

03 鎖鍊繡 Chain Stitch

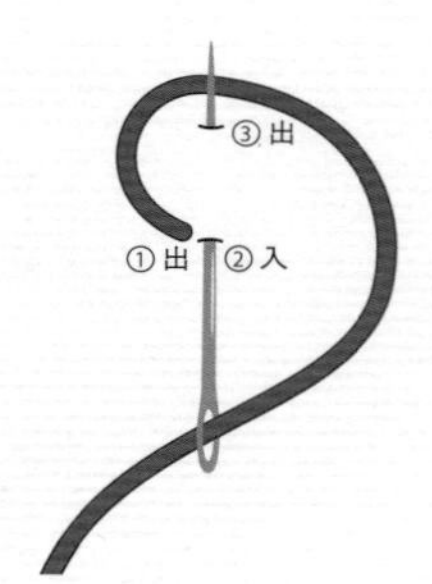

1 從開始處出針，接著在同位置入針，往上方出針，此時記得將線套在針上。

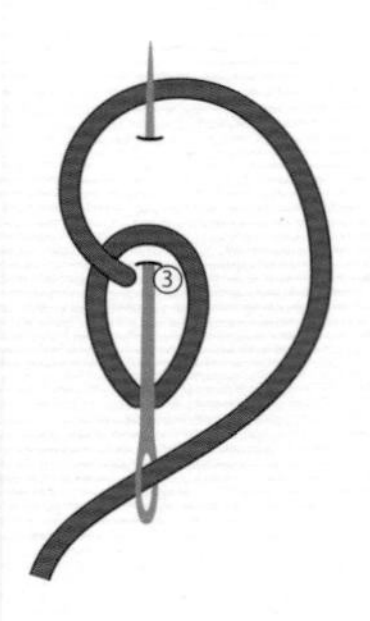

2 繼續重覆 1 的作法。

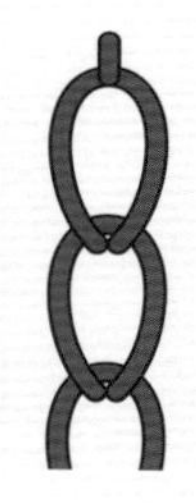

3 最後以直針繡的方式將圓圈固定，呈現環環相扣的感覺。

04 法國結粒繡
French Knot Stitch

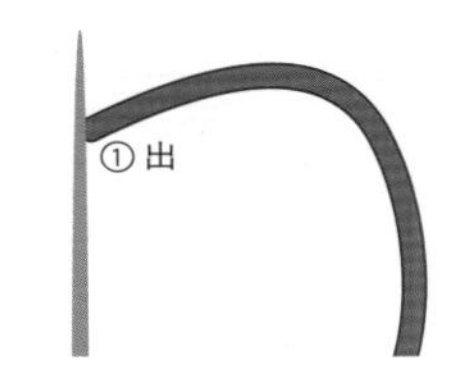

1 從開始處起針，左手拉線。

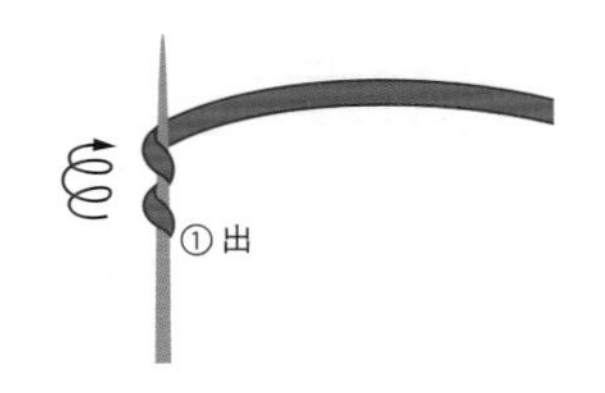

2 用針繞線 2 圈。

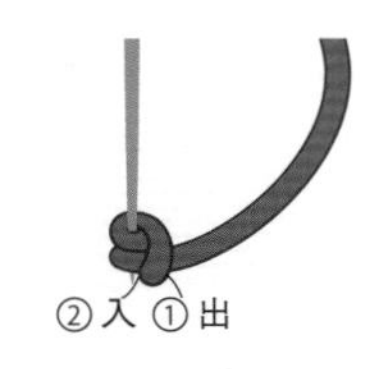

3 將針在①的旁邊垂直入針，完成。

05 回針繡
Back Stitch

1 先從圖案起點的左邊一針起針，接著往回到圖案起點入針。

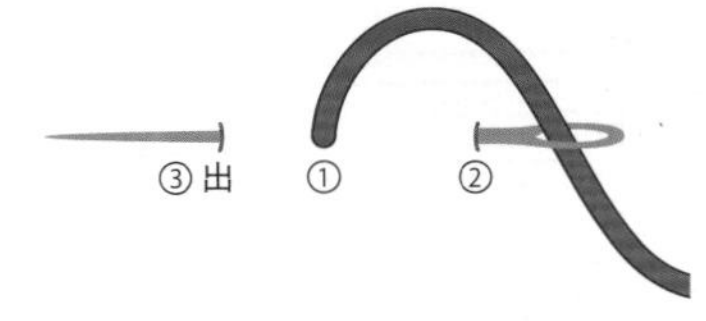

2 留意 1 到 2 的距離要等同於 3 到 1 的距離。

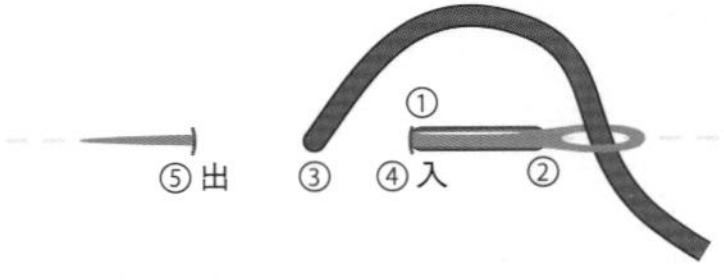

3 先前進一針，再後退一針，以此類推。

4 此繡法可繡出沒有空隙的線條。

06 平針繡
Running Stitch

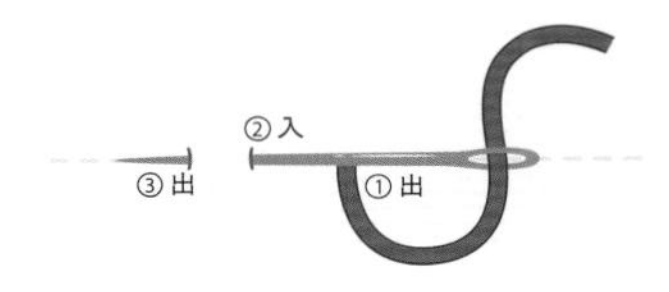

1 從圖案開始處起針，取一段距離後入針，以此類推。

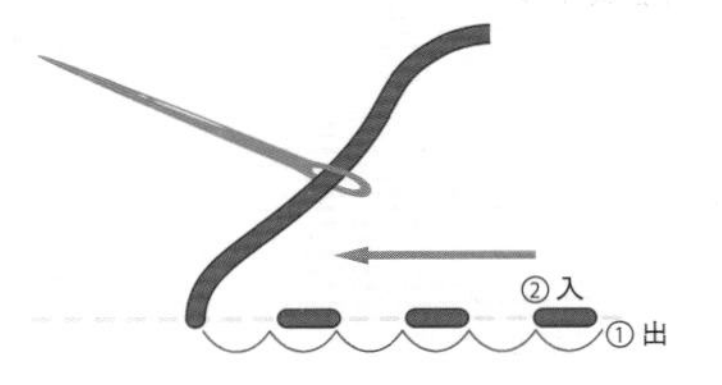

2 留意針與針之間的距離要相同，繡出來的線條才會整齊。

07 長短針繡
Long & Short Stitch

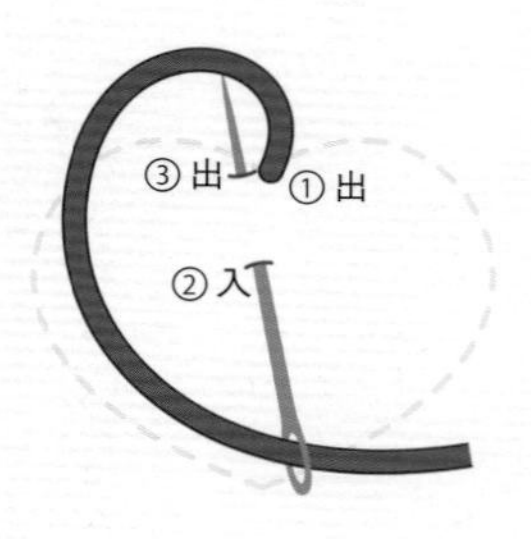

1 同緞面繡作法，從圖案的中間開始起針。

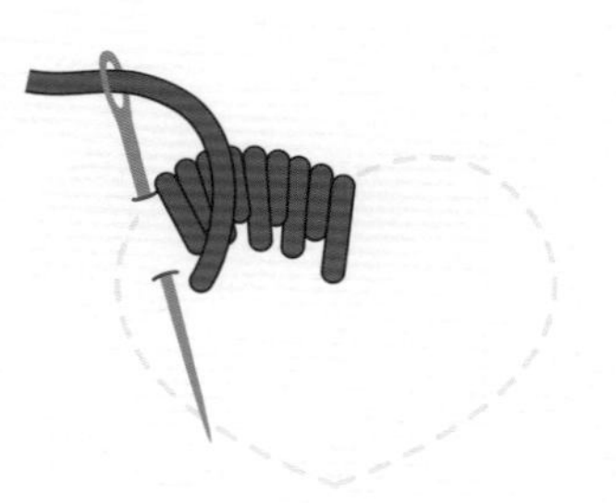

2 輪流以一長針搭配一短針的方式交錯繡滿圖案。

08 輪廓繡
Outline Stitch

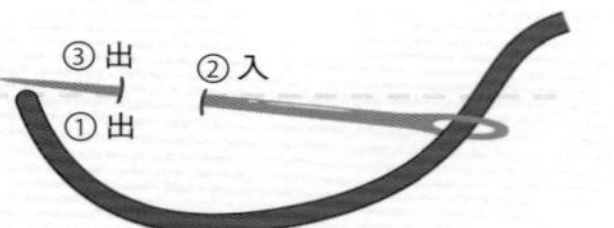

1 從圖案開始處起針，往右一針目入針，接著從 1 到 2 距離的中心點出針。

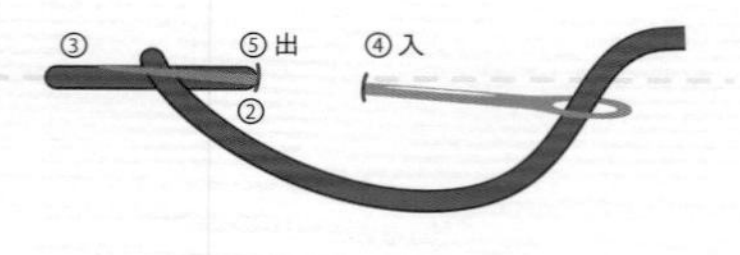

2 由左往右運針，掌握出一針回半針的原則，以此類推。

3 此繡法可繡出有弧度的線條。

★繡完後，背面像回針繡才是正確的技法。

09 十字繡
Cross Stitch

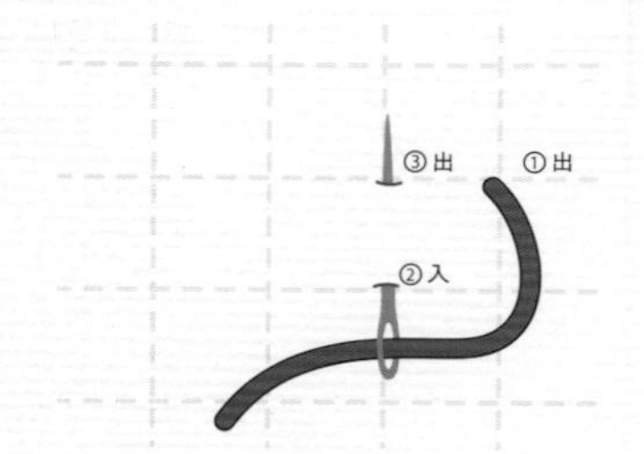

1 從右上方①出，往斜對角的左下方②入針。

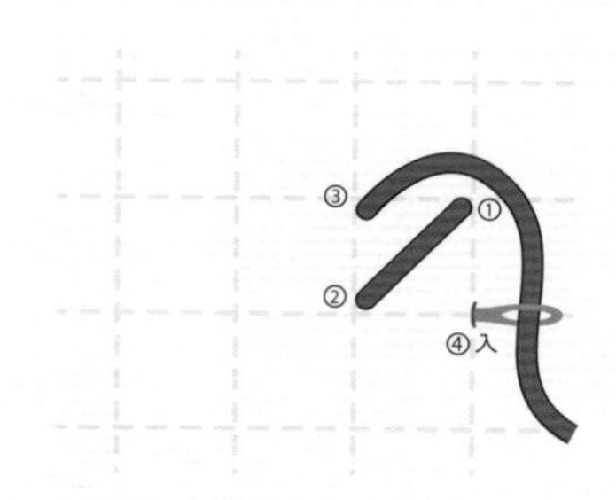

2 接著從左上方③出針，往斜對角右下方入針。

3 完成的模樣如一個 × 的形狀。

10 雛菊繡 Lazy Daisy Stitch

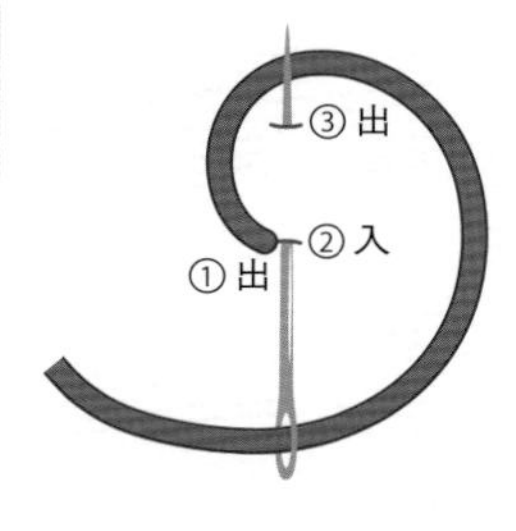

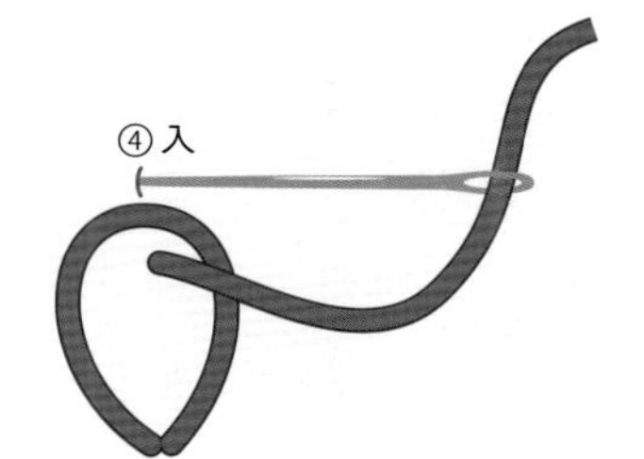

1 同鎖鏈繡的步驟1，先做出一個圓圈。

2 在圓圈的上半部，以直針繡的方式將圓圈固定。

3 可用來表現花朵或是葉子，是常用的技法之一。

11 毛邊繡 Blanket Stitch

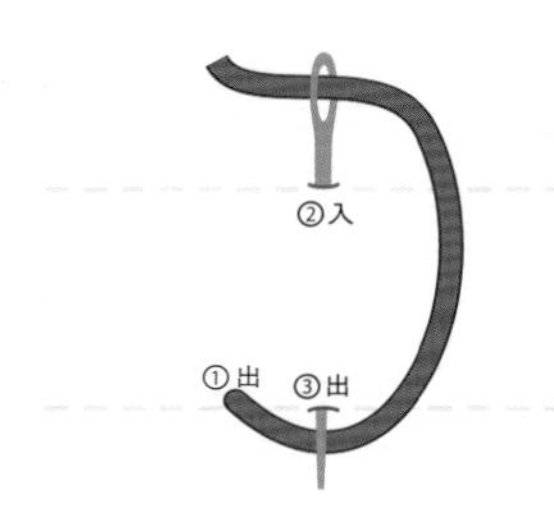

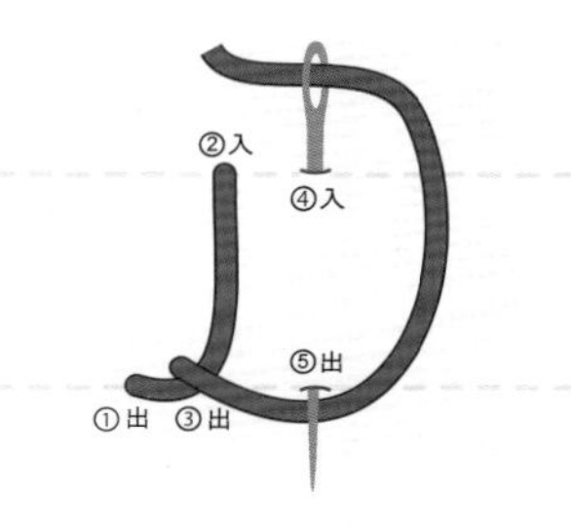

1 從圖案的左下方起針。

2 接著將針從上方入針，往自己的方向垂直出針。

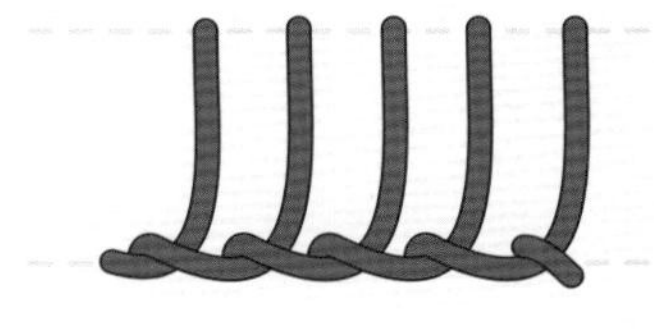

3 重複動作完成。此技法又稱鎖邊繡。

12 魚骨繡 Fishbone Stitch

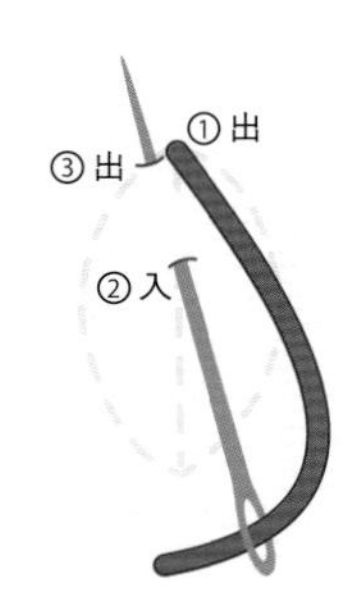

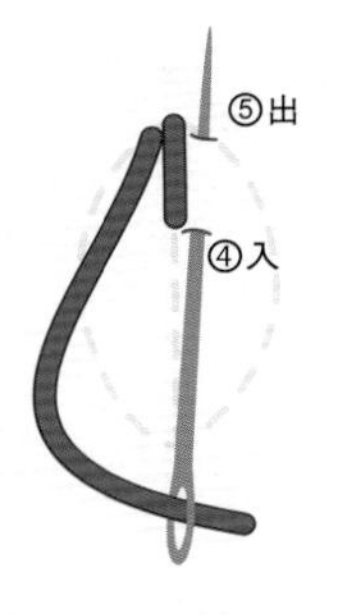

1 從圖案的頂點①出②入先做直針繡，接著往左斜上方③出針。

2 再往右斜向運針，重複一針往左一針往右的方式。

3 繡出來的樣子就像葉脈，常用於表現葉子。

13 釘線繡 Couching Stitch

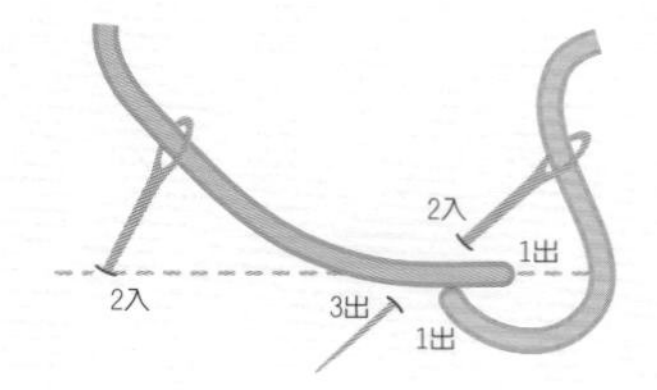

1 依數字順序固定藍色主線（基準線），黃色釘線再依數字順序運針固定。

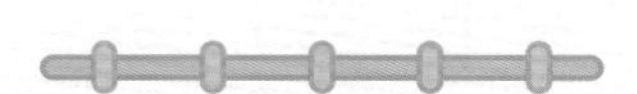

2 主線與釘線互相垂直。

3 背面如圖，主線依虛線穿入斜線中約 4~5 針藏線固定。

14 飛行繡 Fly Stitch

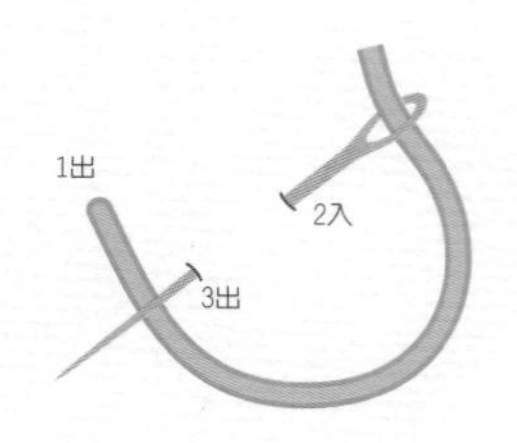

1 依數字順序運針。

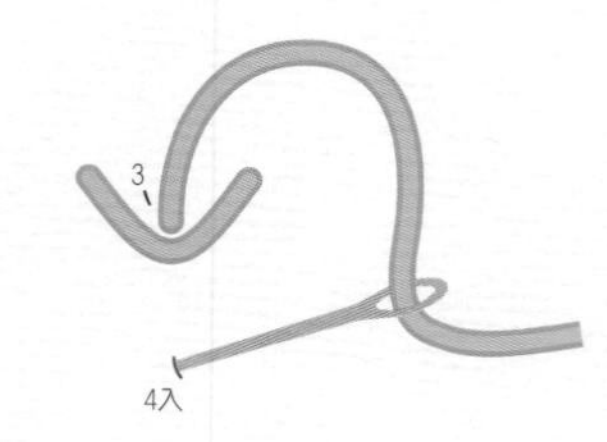

2 在 3 出的垂直線下方 4 入完成，像 Y 字一樣。

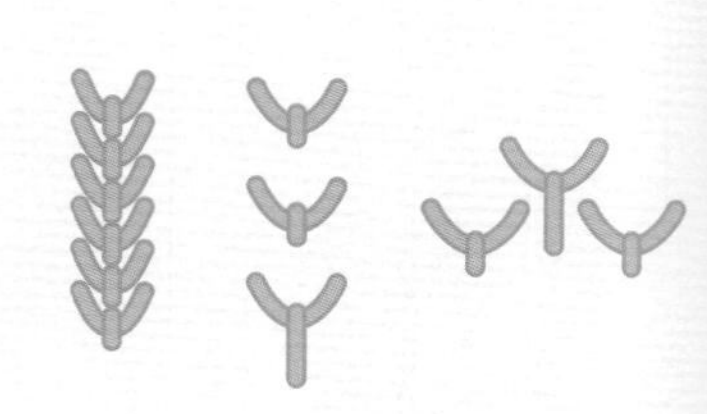

3 飛行繡的寬度、長度及間距可根據需要自行決定。

15 千鳥繡 & 閉鎖千鳥繡 Herringbone Stitch & Closed herringbone Stitch

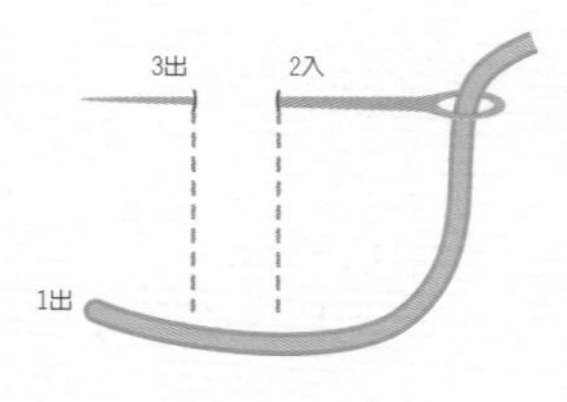

1 參考記號線間距依數字順序運針。

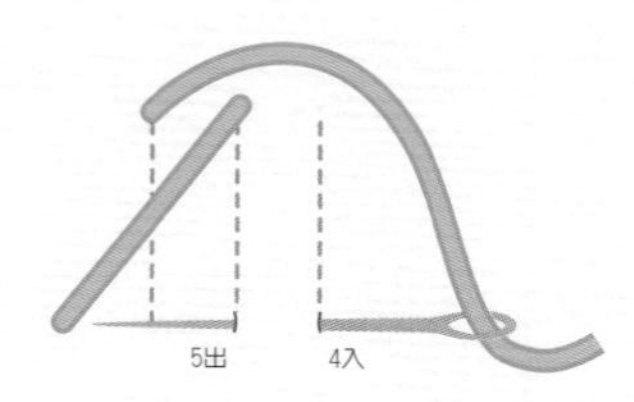

2 慢複 1~5 數字順序，上下會形成規律交叉圖案。

3 完成千鳥繡。

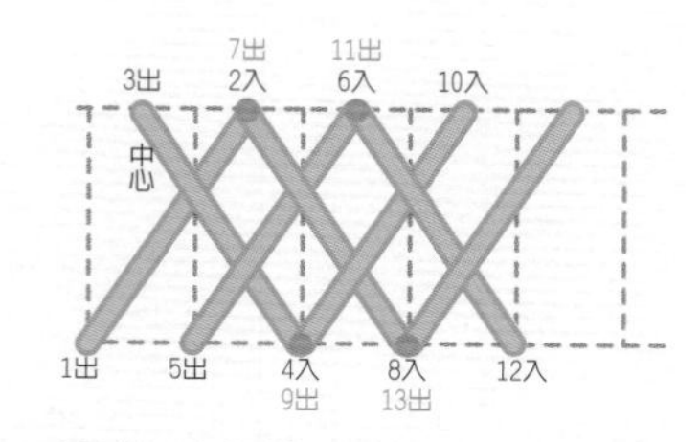

※ 閉鎖千鳥繡運針和千鳥繡一樣，注意出針、入針的位置。

16 珊瑚繡 Coral Stitch

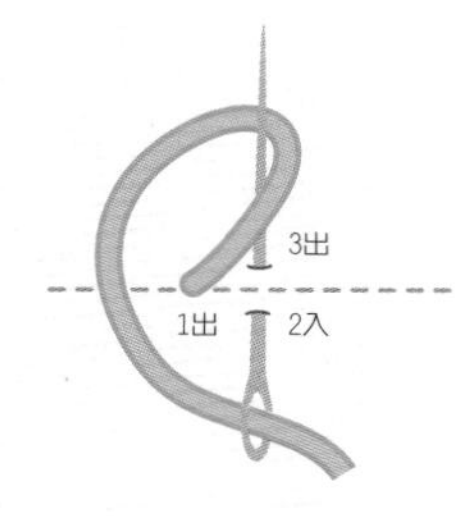

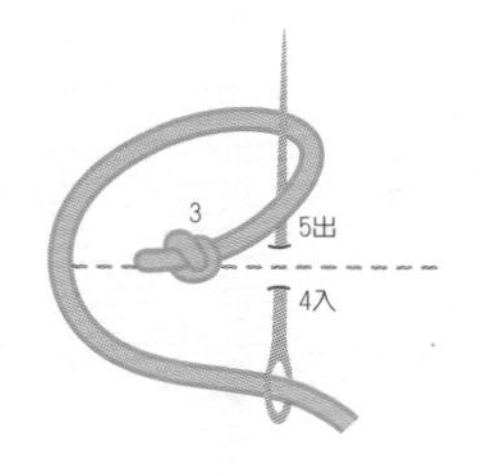

1 依數字順序挑布運針，將線繞過針。

2 按住打結處拉出，接著依數字順序繼續往下做。

3 同前，繡至所需長度即完成。

17 捲線繡 Bullion Stitch

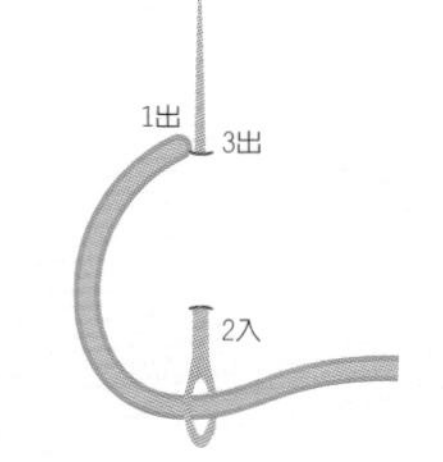

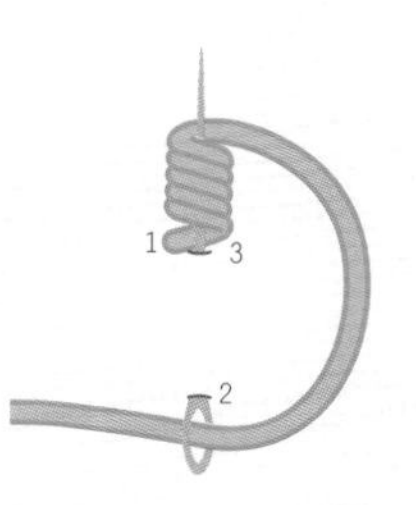

1 依數字順序（3 緊鄰 1）挑布運針。

2 在針尖重複捲線至所需長度。

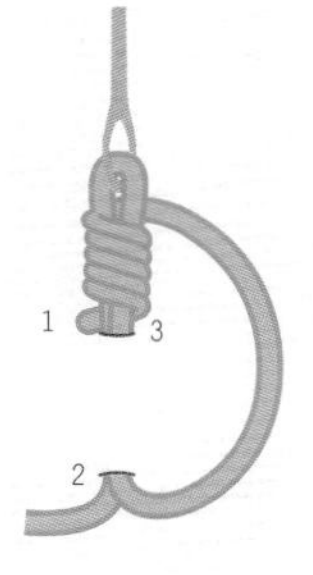

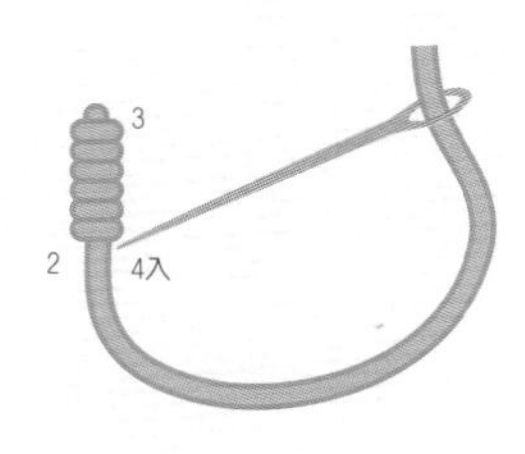

3 手指按住捲線處後，用旋轉的方式慢慢將針抽出。

4 4 入後可固定好捲線圖案。

18 釦眼繡 Buttonhole Stitch

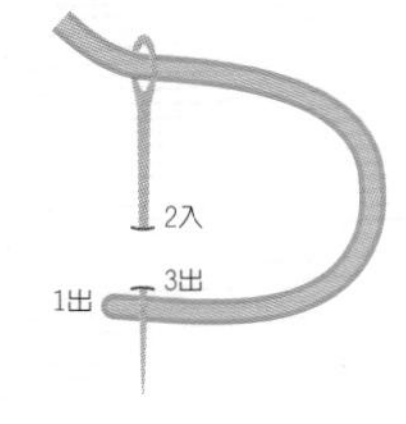

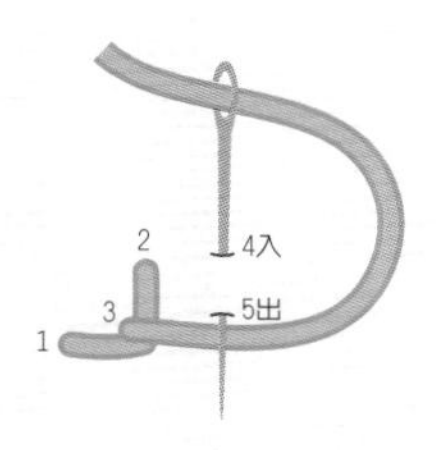

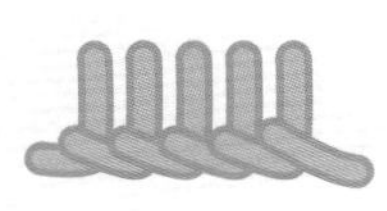

1 運針方式如同毛邊繡。

2 等距離重複運針。

3 繡至所需長度即完成。

進階繡法教學

Advanced Stitch

19 雛菊繡應用Ⓐ
Double lazy daisy Stitch

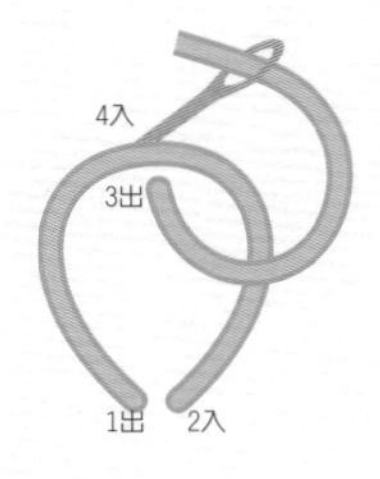

1 依數字順序，先做外圍雛菊繡。

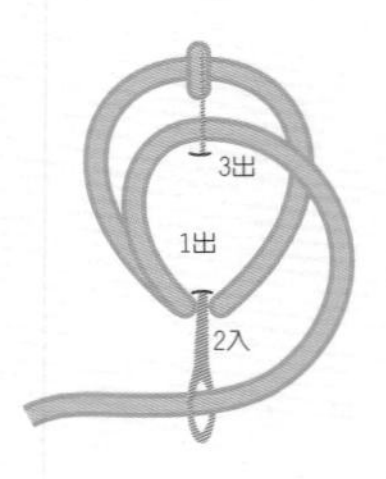

2 在內側依數字順序，做一個小雛菊繡。

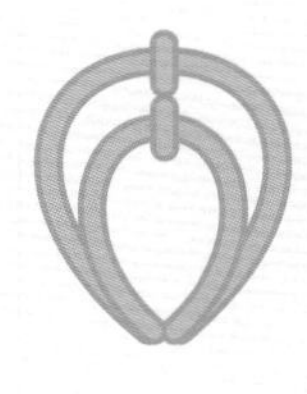

3 完成雛菊繡應用Ⓐ。

20 雛菊繡應用Ⓑ
Lazy daisy Stitch+ Straight Stitch

1 依數字順序，先做一個雛菊繡。

2 接著在雛菊繡中間做一個直針繡。

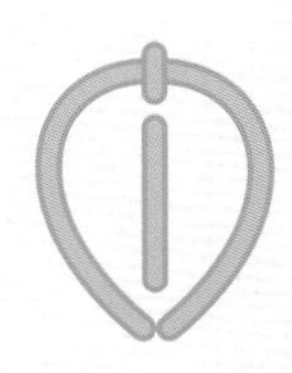

3 完成雛菊繡應用Ⓑ。

21 環狀釘線繡
Circle Couching Stitch

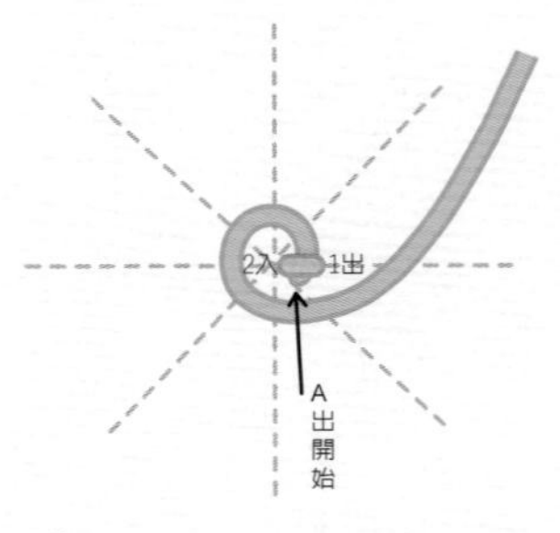

1 主線 A 出起針，釘線 1 出、2 入固定主線。

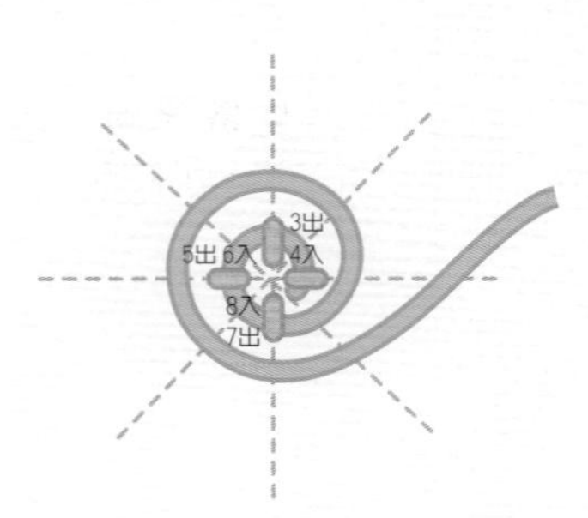

2 同前，主線第一圈在四等分處釘線固定。

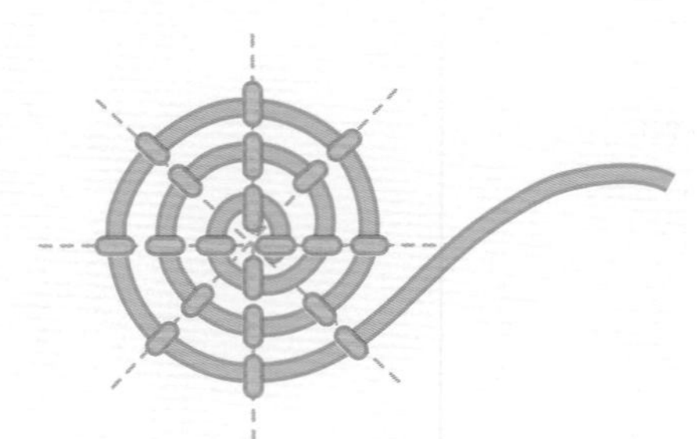

3 主線第二圈開始皆在八等分處釘線固定。

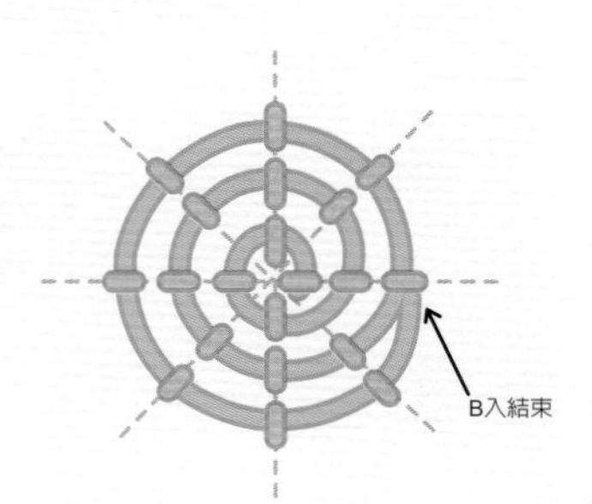

4 主線 B 入結束。

22 雛菊繡＋直針繡 Lazy daisy Stitch+ Straight Stitch

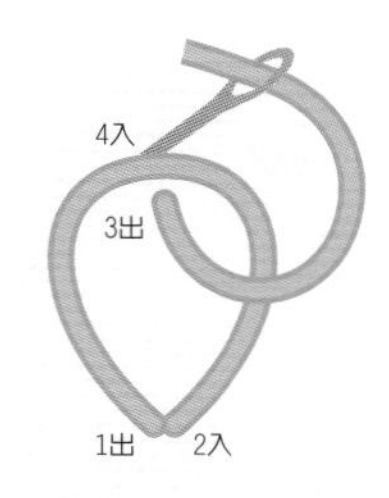

1 依數字順序，先做一個雛菊繡。

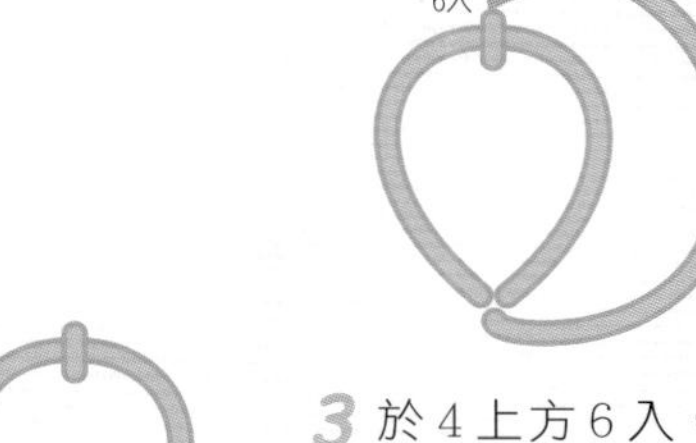

2 於 1 下方 5 出。

3 於 4 上方 6 入，做一個直針繡。

4 完成雛菊繡＋直針繡。

23 扭轉鎖鍊繡 Twisted chain Stitch

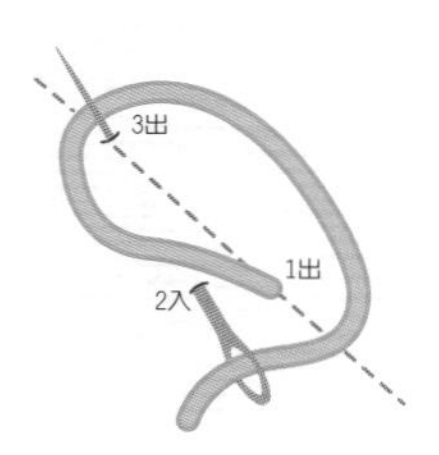

1 依數字順序 1~3 運針，完成第一個。

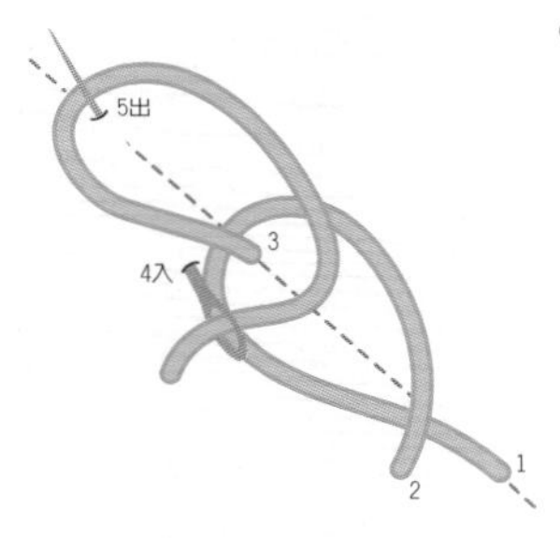

2 依數字順序 4~5 運針，完成第二圈。

3 同前，繡至所需長度即完成。

24 車輪繡 Wheel Stitch

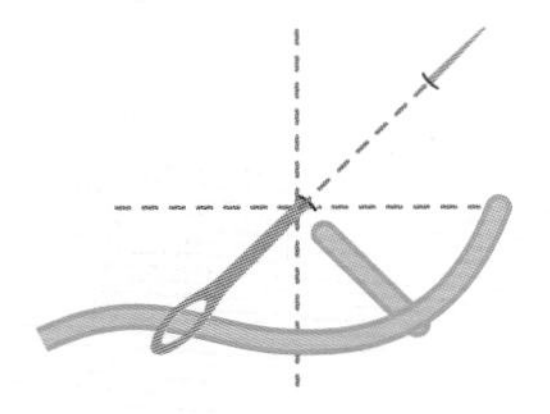

1 依圖示運針，由外向內依序做 8 個直針繡呈放射狀。

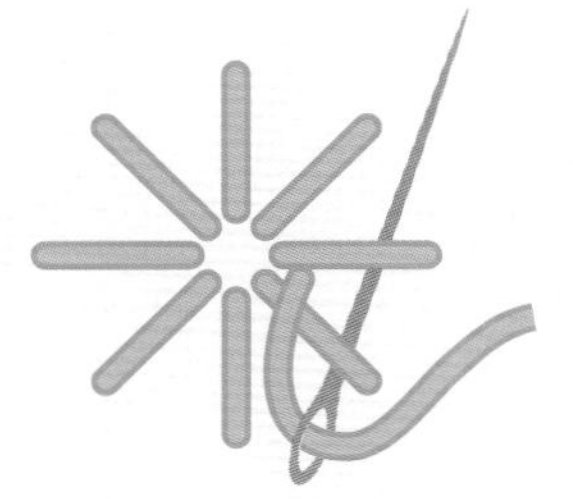

2 在中心旁出針，後退一條底線，穿過兩條底線前進。

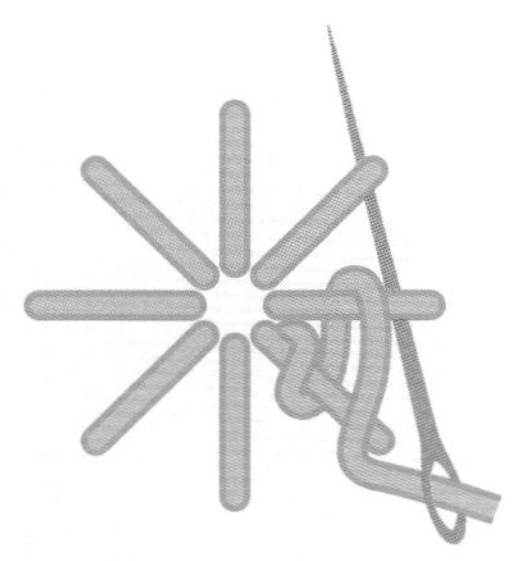

3 同前，重覆至填滿圖案為止。

25 蛛網玫瑰繡
Spider web rose Stitch

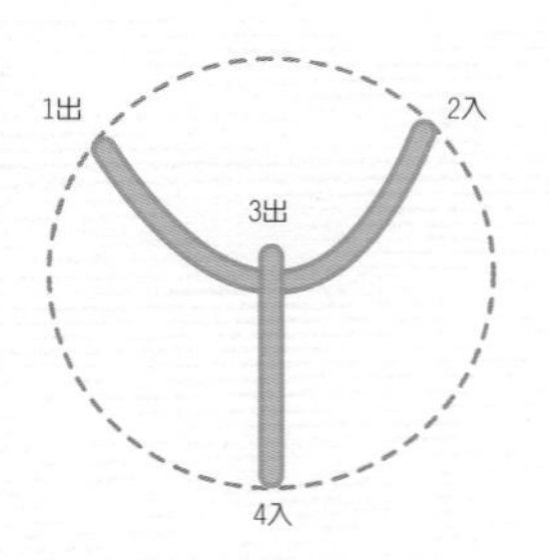

1 依數字順序運針，先做一個飛行繡。

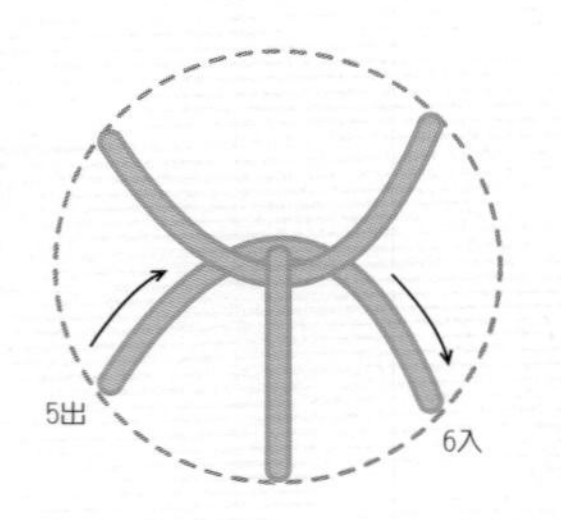

2 5 出後，線穿過 V 字，6 入，讓圓呈五等分。

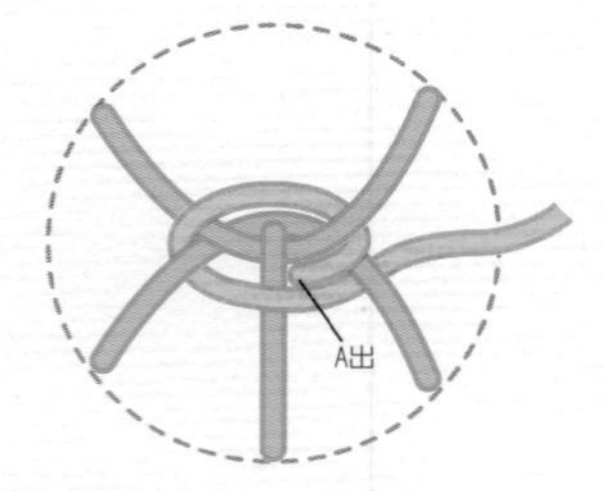

3 A 出後，以一上一下逆時針進行。

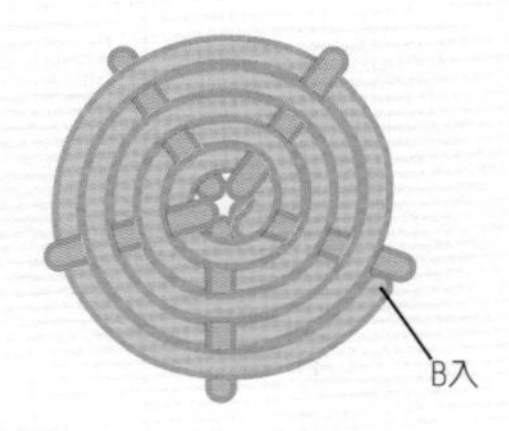

4 完成後 B 入至背面藏線收針。

26 捲線玫瑰繡
Bullion rose Stitch

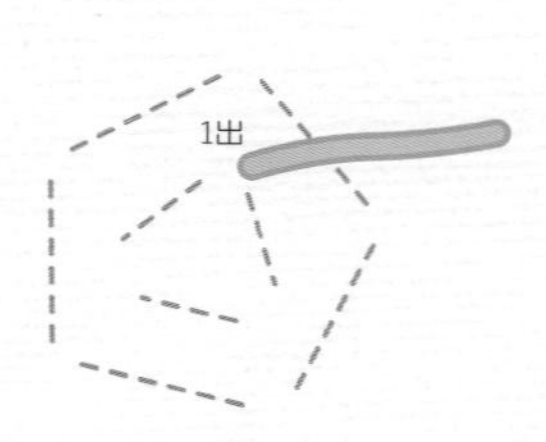

1 1 出起針。

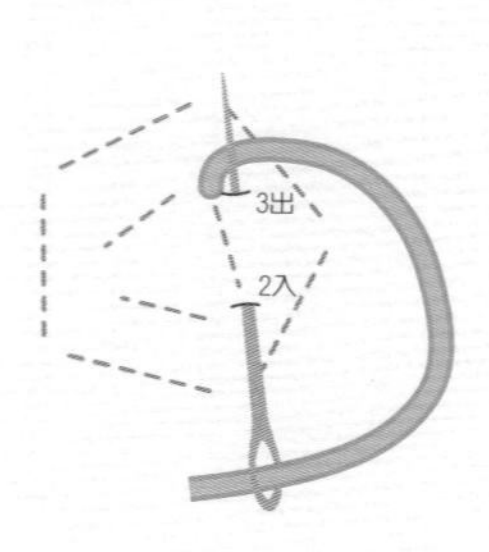

2 依數字順序運針。

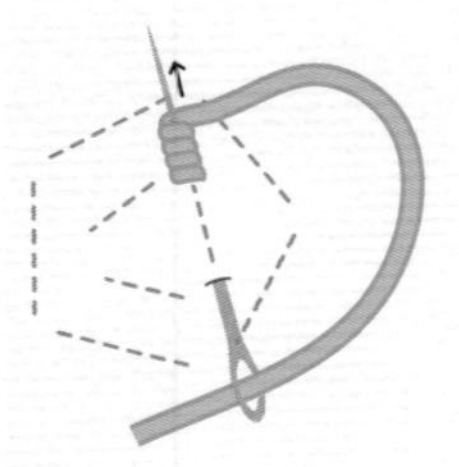

3 依所需長度捲線。

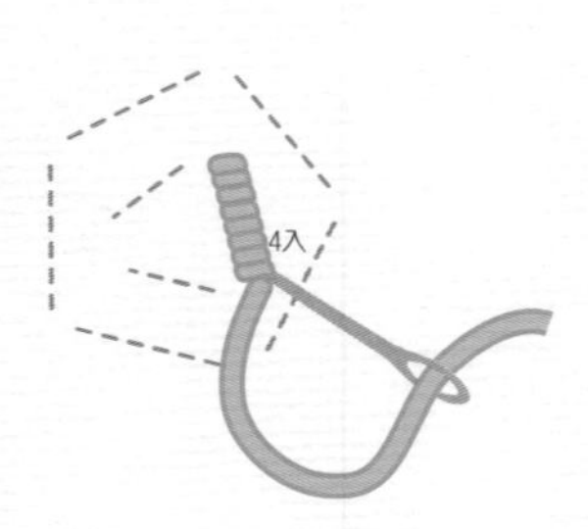

4 4 入固定。

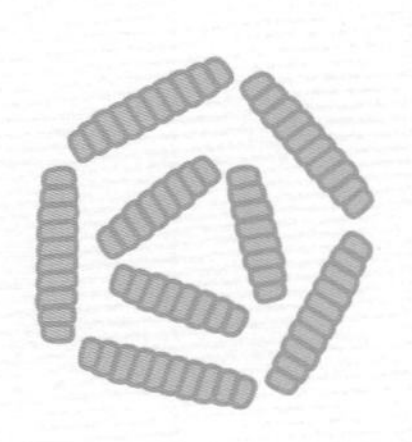

5 重複 1~4 步驟完成。

27 包芯釦眼繡 Corded buttonhole Stitch

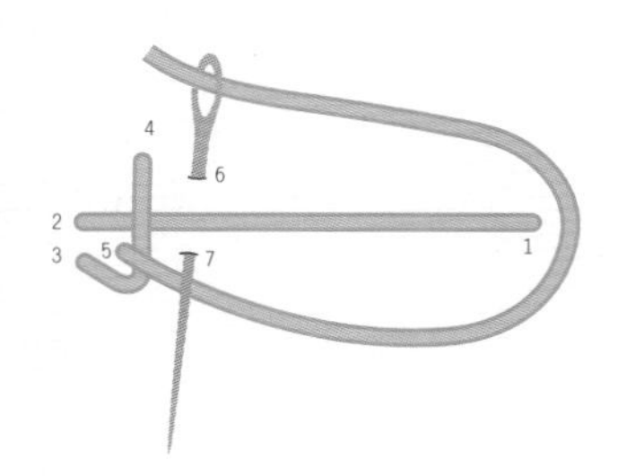

1 依數字順序運針，第一列釦眼繡要挑布。

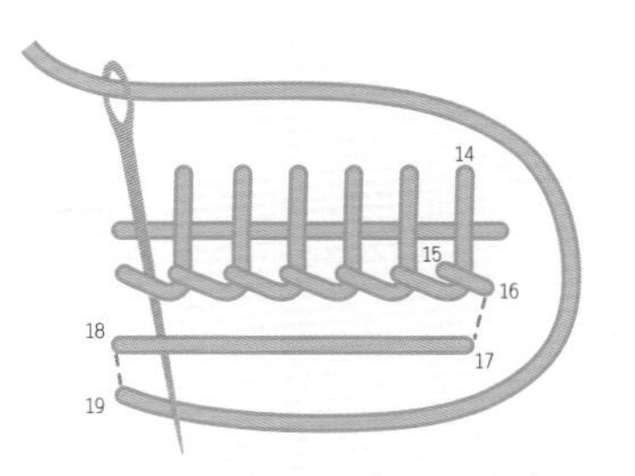

2 第二列開始只挑線不挑布，直至完成所需面積。

28 編織繡 Basket filling

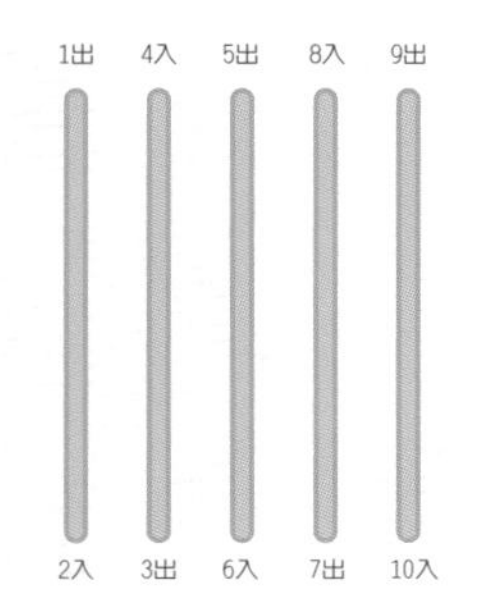

1 依數字順序運針，做數排直線。

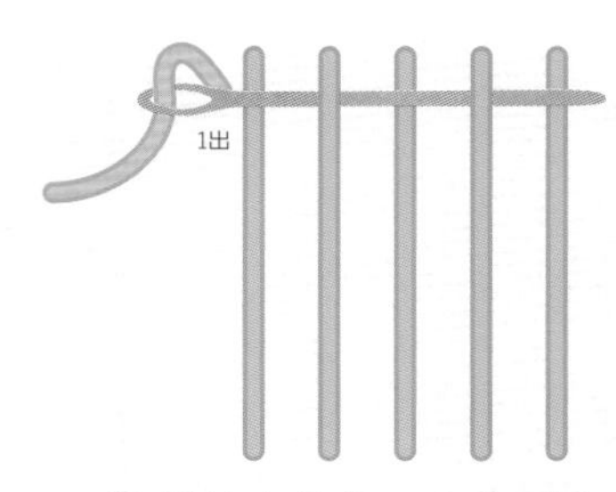

2 橫線出針後，由左到右一上一下穿過直線。(此時最好換上圓頭針)

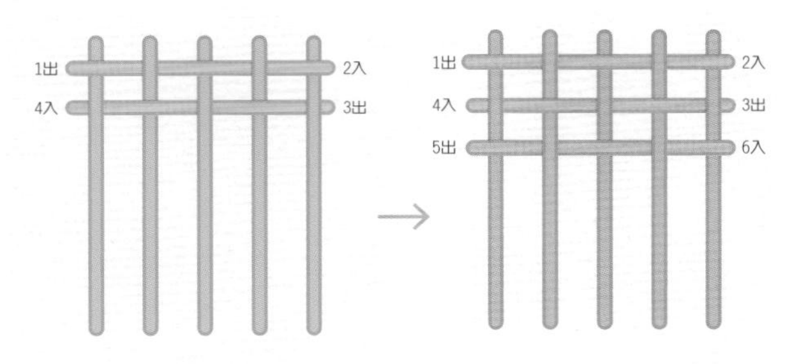

3 依序完成。

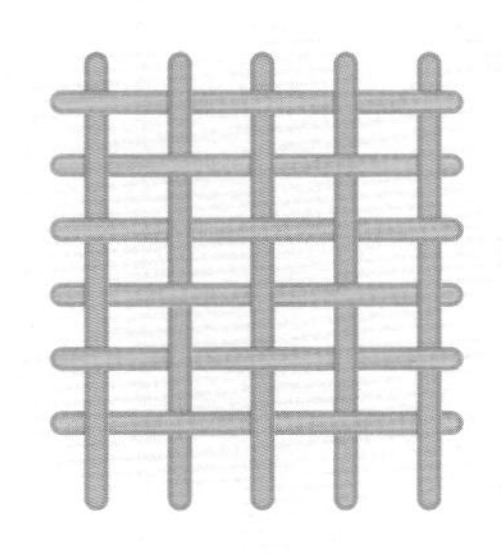

4 完成編織繡。

29 浮雕輪廓繡應用Ⓐ Raised Outline Stitch

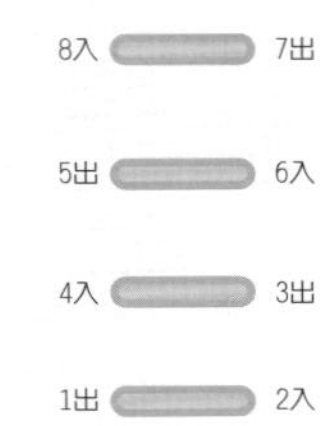

1 依數字順序，做數列直針繡。

★此技法要用偶數股的線(2、4、6、8…)

2 A 出後，換上圓頭針，將線平分為二，依圖示穿過橫線。

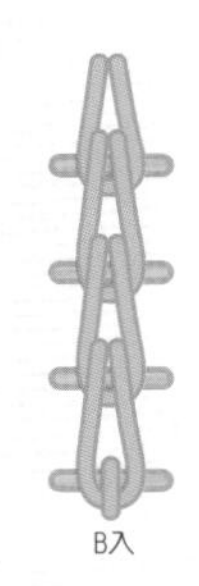

3 B 入結束，完成浮雕輪廓繡應用Ⓐ。

繪虹
國家圖書館出版品預行編目(CIP)資料

布製好時光的四季花園：法式刺繡花草集 / 林宜蓁著 .
-- 初版 . -- 新北市：大風文創 , 2020.06
面； 公分
ISBN 978-957-2077-96-2(平裝)

1. 刺繡 2. 手工藝

426.2 109005167

愛手作系列 030

布製好時光的四季花園
法式刺繡花草集

作者｜布製好時光 林宜蓁
編輯｜愛生活編輯部
攝影｜力馬亞文化創意社
設計｜ N.H.design
繪圖｜菩薩蠻電腦科技有限公司

發行人｜張英利
編輯企劃｜繪虹
出版者｜大風文創股份有限公司
電話｜（02）2218-0701
傳真｜（02）2218-0704
E-Mail ｜ rphsale@gmail.com
Facebook ｜大風文創粉絲團
http://www.facebook.com/windwindinternational
地址｜ 231 新北市新店區中正路 499 號 4 樓

台灣地區總經銷｜聯合發行股份有限公司
電話｜（02）2917-8022
傳真｜（02）2915-6276
地址｜ 231 新北市新店區寶橋路 235 巷 6 弄 6 號 2 樓

初版一刷｜ 2020 年 06 月
定價｜新台幣 320 元
ISBN ｜ 978-957-2077-96-2